KB213761

항공객실업무론

김화연 · 이향정 · 심지연

Preface

오늘날 항공교통의 수요는 날로 증가하고 있고, 항공사 간 경쟁이 치열해지는 가운데 각 항공사는 차별화된 자신만의 서비스 전략을 수립하고자 다양한 노력을 기울이고 있다. 최고의 서비스를 제공하기 위하여 기내환경을 개선하고 더불어 기내서비스의 내용과 방법을 끊임없이 발전시키고 있다. 이러한 항공사의 차별화된 서비스를 고객에게 정확하게 전달하는 것이 무엇보다 중요하며 기내에서 고객에게 밀접한 서비스를 제공하는 객실승무원의 역할이 큰 영향을 미치고 있다. 따라서 항공사의 서비스 품질을 결정하는 데 매우 중요한 역할을 하는 객실승무원의 역량강화는 그 어느 때보다 절실하게 요구되고 있다.

이러한 항공산업의 변화에 맞추어 본서는 객실승무원을 희망하는 항공관련 전공학생들이 항공 객실서비스에 대한 전반적인 이해를 바탕으로 전문적인 지식과 실무능력을 갖출 수 있도록 내용을 구성하였다.

본서의 구성과 다음과 같다.

먼저, 1장에서는 객실승무원에 대한 전반적인 내용을 다루고 있으며, 2장에서는 객실승무원으로서의 책임과 의무, 근무규정에 대한 내용으로 구성하였다.

3장에서는 항공기의 객실구조와 객실서비스 등급, 객실시설에 대한 내용으로 구성하여 객실승무원의 업무를 위한 전문적인 지식을 향상시킬 수 있도록 하였다. 4장은 기내서비스에 대한 내용으로 승객에게 제공되는 물적 · 인적 서비스와 비행안전 서비스에 대한 내용으로 구성하였다. 5장은 대표적인 기내서비스인 기내 식

음료서비스에 대한 내용으로 서양 식음료에 대한 이해를 바탕으로 기내 식음료서비스를 정리하였다.

6장은 객실승무원이 갖추어야 할 기본적인 매너와 서비스 기본자세, 승객 응대 요령에 대한 내용으로 구성하여 상황에 맞는 적절한 고객응대를 할 수 있는 실무능력을 향상시킬 수 있도록 하였다. 7장은 기내서비스 업무절차에 대한 내용으로 항공기 탑승 전부터 하기까지 전체적인 업무흐름을 파악할 수 있도록 구성하였다.

마지막으로 8장은 국내외 항공사 Code와 공항 및 도시 Code, 항공용어 및 약어를 정리하여 수록하였다.

저자는 항공관련 전공학생들이 객실승무원으로서 갖추어야 할 전문지식과 실무능력을 배양하여 항공산업에서 필요한 인재로 거듭나기를 간절히 바라는 마음으로 집필하였고, 본서가 역량을 향상시키는 데 도움이 되기를 바란다.

끝으로 필요한 자료와 정보수집에 많은 도움과 격려를 보내준 항공사 동료와 선후배, 그리고 사랑하는 가족들에게 감사하고, 출간되기까지 애써주신 백산출판사의 모든 분들께 감사 인사를 드린다.

저자 일동

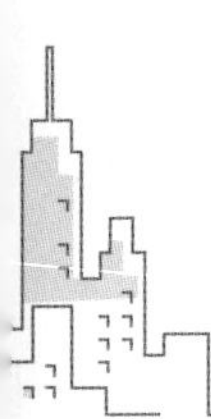

Contents

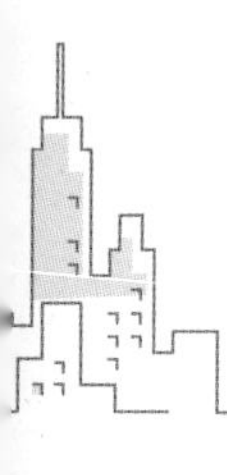

제 1 장
객실승무원의 이해

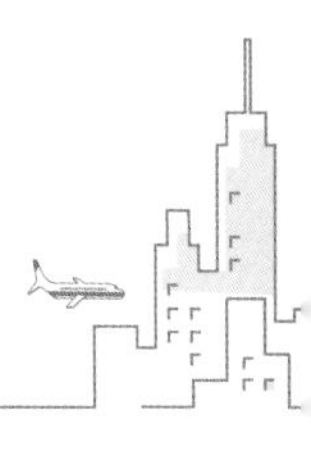

제 1 장 객실승무원의 이해

제 1 절 객실승무원의 정의와 역사

1. 객실승무원의 정의

객실승무원이란 항공기에 탑승하여 비상시 승객의 탈출과 안전을 위한 업무를 수행하고, 운항 중 탑승객들의 편의를 위해 각종 서비스를 제공하는 업무를 수행하는 이를 말한다. 영어로는 Flight Attendant, Cabin Attendant 또는 Cabin Crew라고 호칭하며 약어로 CA라고 표기한다. 승무원으로 구분할 때 여승무원은 Stewardess, 남승무원은 Steward로 호칭하기도 하나 성별의 구분이 없는 Flight Attendant를 많이 사용한다.

객실승무원들은 승객이 목적지에 도착할 때까지 안전하고 쾌적하게 하며 승객들의 요구를 충족시켜 편안한 여행을 돕는 역할을 수행한다. 항공 객실승무원들은 크게 비상시 업무인 비상탈출, 안전을 위한 업무, 승객지원업무, 기내서비스 등의 4가지 역할을 수행한다.

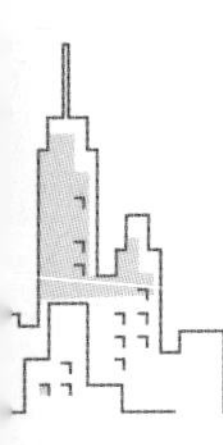

2. 객실승무원의 역사

객실승무원은 1928년 독일의 루프트한자 항공사에서 베를린~파리 구간에 남승무원을 객실 전문요원으로 투입한 것이 시초가 되었다. 유럽에선 고급서비스를 여성이 아닌 남성들이 맡아온 전통이 있었기 때문에 남성이 최초의 객실승무원이 되었다.

여승무원은 그 후 2년 뒤인 1930년 유나이티드 항공(United Airline)의 전신인 보잉 에어트랜스 포트사(Boeing Air Transport Co.)에서 간호사를 채용하여 근무토록 한 것이 시초가 되었다.

최초의 여승무원은 미국 아이오와주의 간호사 출신인 앨런 처치이다. 앨런 처치는 원래 보잉사의 조종사로 취업하기를 희망했으나 거절당하고 객실요원으로 1개월 탑승을 전제로 고용되었다.

그 후 샌프란시스코에서 3명, 시카고에서 4명의 정식 간호사를 채용하여 앨런 처치와 함께 '오리지널8'이라 칭하여 본격적인 여승무원 제도를 도입했다고 한다. 당시의 승무원 자격조건은 미혼으로 25세 이하에 키 162cm 이하여야 했는데 이는 여객기 내부가 좁고 천장이 낮았기 때문이라고 한다. 대한민국에 객실승무원이 처음 근무한 것은 1948년 당시 국내에 취항하던 노스웨스트 항공사에서 한국여성을 객실승무원으로 채용하면서부터이다. 현재 미국 내 승무원 수는 10만 명이 넘고 한국은 1만 명을 넘어서고 있다.

당시 지금의 스튜어디스 호칭 대신 에어 호스티스(Air Hostess) 또는 에어 걸(Air Girl)이라 불리었고, 객실승무원들의 복장은 간호사에서 유래했기 때문에 흰색 가운에 흰색 모자가 보편적이었다. 이후 승무원 유니폼은 세계대전을 거치면서 군복을 변형해 여성 특유의 맵시를 살린 제복을 입는 것이 한동안 유행하다가 현재는 각 나라의 문화와 전통, 그리고 항공사의 특성과 이미지를 살린 실용적이면서 세련된 유니폼으로 변화되었다.

최초 8인의 객실 여승무원

당시의 낮은 천장 비행기

제 2 절 객실승무원의 업무

1. 안전업무*Safety Performance*

안전업무는 객실승무원의 기본업무로 항공기에 탑승하여 비상시 승객을 탈출시키는 등의 업무를 수행하는 역할이다. 승객의 안전한 여행을 위해 객실승무원은 일정 수준의 기본적인 안전업무에 대한 역량이 필요하다.

① 승객들의 휴대수화물을 휴대규정에 따라 보관상태를 확인한다.
② 이착륙 전 담당 서비스 zone별로 Galley 내 카트 고정이나 선반의 잠금상태 등을 철저히 점검한다.
③ 승객의 좌석벨트 착용여부를 확인한다.
④ 항공기 안전운항상 문제를 발생시킬 수 있는 전자기기의 사용은 규정에 따라 승객의 준수여부를 확인한다.

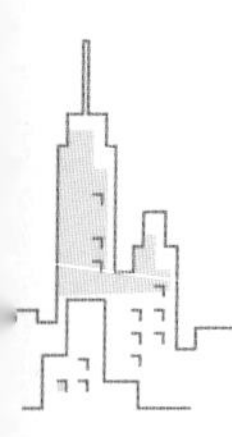

⑤ 기내 흡연에 대해 철저한 점검을 하고, 음주에 대해 적절한 통제를 한다.

⑥ 승객 하기 후 객실승무원은 담당 zone의 이상 유무를 확인한다.

2. 고객관리업무 *Customer Relationship Management*

객실승무원은 승객의 안전한 여행을 위한 안전업무와 함께 편안하고 즐거운 여행이 될 수 있도록 서비스를 제공하는 업무를 담당한다. 기내에서 승객의 어려운 일을 책임감 있고 적극적으로 해결해 주는 역할을 하며, 고객만족을 위해 서비스용품과 같은 물적 서비스와 함께 인적 서비스가 포함된 서비스를 제공하는 역할을 한다.

① 담당 zone에서 승객의 요구에 즉각적으로 응대하고 가능한 한 빠르게 해결한다.

② 승객의 요구를 수용하고 항상 최선을 다해야 한다.

③ 안전업무를 위해 객실안전규정/지침에 반하지 않도록 고려하면서 서비스를 한다.

④ 고객 불만 발생 시 경청하고, 해결할 수 있도록 최선을 다한다.

⑤ 불만 고객과 불법 행위를 하는 고객을 잘 구별하여 불법 행위를 하는 고객은 행위의 중단을 정중히 요청하고, 요청에 응하지 않는 경우 규정에 의거하여 조치한다.

3. 승무원 협조업무 *Crew Coordination*

객실서비스는 객실승무원 개인이 혼자 할 수 있는 것이 아니라 동료 승무원 혹은 다양한 분야의 직원들과의 유기적인 관계를 통해 이루어진다. 항공기 내에서는 객실승무원과 운항승무원 간의 공조가 매우 중요하며, 정비사, 운송직원, 케이터링 및 기타 지상직원들과의 협조가 중요하다.

객실승무원과 다른 분야의 직원들은 유기적인 관계를 위해 정확한 의사소통과 적극적인 상호 협조가 필수적이며, 상대 업무에 대한 이해를 바탕으로 예의를 갖추고 신중하게 대해야 한다.

제 3 절 객실승무원의 자격

1. 객실승무원의 자질

항공사 객실승무원은 승객이 목적지까지 안전하고 편안하게 여행할 수 있도록 비행 중 발생하는 모든 일에 대해 필요 조치를 할 수 있는 자질과 능력을 갖추고 있어야 한다.

기내라는 특수한 공간에서 승객의 안전과 쾌적성을 도모할 수 있는 객실승무원의 자질은 다음과 같이 요약할 수 있다.

- 확고한 직업의식
- 승객을 배려하는 서비스마인드
- 철저한 안전의식
- 다양한 국가의 승객과 원활한 소통을 위한 외국어 능력
- 글로벌 마인드와 매너
- 폭넓은 정보제공을 위한 자기개발과 자기관리
- 건강한 신체와 체력

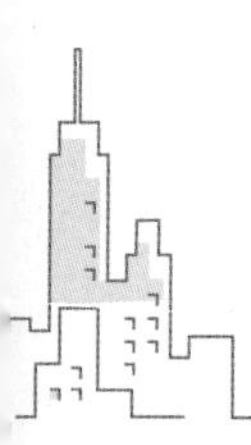

항공사의 객실승무원은 항공사의 이미지를 대표하는 인적자원으로서 언제 어디에서나 승객들에게 긍정적인 이미지를 심어줄 수 있도록 항상 자신의 언행과 태도를 잘 관리해야 한다. 또한 철저한 자기관리를 통해 객실승무원에 필요한 다양한 자질을 향상시킬 수 있도록 항상 노력해야 한다.

2. 객실승무원의 자격

「항공법 시행규칙」(일부개정 2008년 5월 8일) 218조에서는 다음과 같이 규정하고 있다. 항공운송사업자는 제1항 제2호의 규정에 따라 항공기에 태우는 객실승무원에게 다음 각 호의 사항에 관한 교육훈련계획을 수립하여 매년 1회 이상 교육훈련을 실시하여야 한다.

객실승무원의 자격요건 중 가장 중요한 것은 법정자격이다. 객실승무원의 임무 중 가장 중요한 비상시 탈출업무 및 안전업무에 관한 훈련을 받고 이수하여야 하는 것이다. 이 훈련을 통과하지 못하면 비행자격이 주어지지 않는다.

신입승무원으로 처음 입사하게 되면 4주간의 법정안전훈련을 받게 된다. 또한 승무원이 된 후에는 직급별 · 경력별로 객실서비스와 항공기의 안전운항을 위한 법정교육을 이수하여야 한다. 정기 안전훈련은 매년 1회 실시하게 되며 이 역시 법정 과정으로 이수를 못할 시 비행자격을 상실하게 된다.

객실승무원은 항공기 탑승근무에 적합한 신체조건을 유지해야 하며, 그 조건이 미비할 경우에는 객실승무원 자격을 일시정지 또는 상실할 수 있다. 타인에게 혐

오감을 줄 수 있는 신체의 손상이나 병리적 훼손, 신장을 기준으로 한 적정 체중을 유지하지 못했을 경우 회복 시까지 그 자격을 일시 정지한다. 국내항공사의 신장을 기준으로 한 적정 체중의 판단 기준은 다음과 같다.

✓ **국내항공사 객실 여승무원의 신체 기준** 자료 제공 : 한국보건의료원

신장(cm)	과소체중(kg)	적정체중(kg)	과체중(kg)	초과체중(kg)
160	43.1 이하	43.2~50.2	50.2~54.2	54.2 이상
161	43.6	43.7~50.7	50.7~54.7	54.7
162	44.1 이하	44.2~52.2	52.2~55.2	55.2 이상
163	44.6	44.7~52.7	52.7~55.7	55.7
164	45.1	45.2~53.7	53.7~56.2	56.2
165	45.6	45.7~53.7	53.7~56.7	56.7
166	46.1	46.2~54.2	54.2~57.2	57.2
167	46.6	46.7~54.7	54.7~57.7	57.7
168	47.1	47.2~55.2	55.2~58.2	58.2
169	47.6	47.7~55.2	55.7~58.2	58.7
170	48.1	48.2~56.2	56.2~59.2	59.2
171	48.6	48.7~56.7	56.7~59.7	59.7
172	49.1	49.2~57.2	57.2~60.2	60.2
173	49.6	49.7~57.7	57.7~60.7	60.7
174	50.1	50.2~58.2	58.2~61.2	61.2
175	50.6	50.7~58.7	58.7~61.7	61.7
176	51.1	51.2~59.2	59.2~52.2	62.2
177	51.6	51.7~59.7	59.7~62.7	62.7
178	52.1	52.2~60.2	60.2~63.2	63.2
179	52.6	52.7~60.7	60.7~63.7	63.7
180	53.1	53.2~61.2	61.2~64.2	64.2

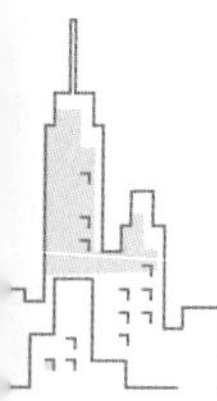

3. 객실승무원의 교육훈련

항공 객실승무원들은 여러 가지 교육훈련 등을 받는다. 신입 승무원으로 입사 시 12주가량(국제선 기준) 신입전문훈련을 받는다.

인사법, 대화기법, 에티켓, 이미지메이킹, 외국어, 기내방송, 안전, 기내 식음료서비스, 체력훈련, 인공호흡법, 비행탈출, 비상착수, 면세품 관리 등에 관하여 집중적인 교육을 받는다. 전문훈련이 끝나면 수습사원으로서 수습비행(On The Job Training, OJT) 근무를 하게 된다. 태도와 예절, 항공기내 장비 사용법 등에 관하여 현장에서 직접 배우게 된다.

신입 직무훈련이 끝난 이후에는 직급과 책임에 따라 매년 Refresher교육, 퍼포먼스 향상 교육 등이 포함된 직무보수교육을 받으며 이를 통과해야만 비행자격이 주어진다. 승무원의 전문 교육과정 중에 가르치는 교육과목은 대부분의 항공사가 매우 유사하다. 다양한 프로그램을 통하여 객실승무원으로서 갖추어야 할 기본적인 실무능력, 매너 · 에티켓 교육, 자신감을 양성한다.

① 항공사 신입사원 교육

② 신입 승무원 교육 : 국내선 비행교육, 국제선 비행교육

③ 수습 비행훈련(On the Job Training)

④ 상위 Class 서비스 전문교육

  –First Class 직무교육, Business Class 직무교육

⑤ 직급별 보수 교육

  –Top Senior 교육 및 국내선 Purser 교육, 국제선 Purser 교육, 서비스 Leader 교육, 방송보수교육 등

⑥ 안전 교육

  –항공기 구조와 시스템, 비상탈출훈련, 심폐소생술(CPR)훈련 등

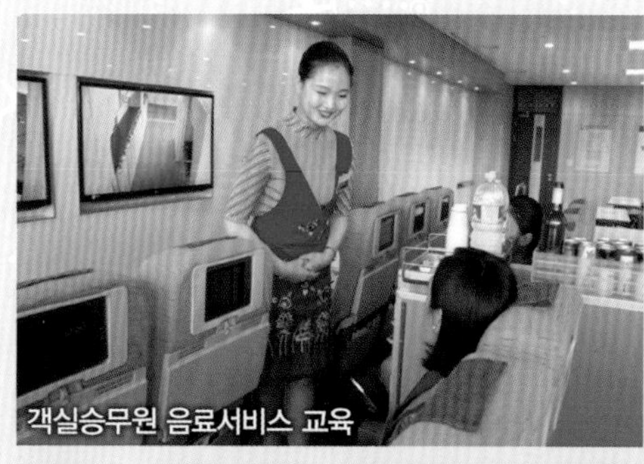
객실승무원 음료서비스 교육

객실승무원 음료서비스 교육

객실승무원 안전교육

객실승무원 안전교육

객실승무원 안전교육

객실승무원 워킹교육

객실승무원 메이크업&헤어교육

객실승무원 DEMO훈련

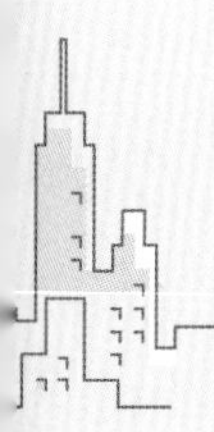

제 4 절 객실승무원의 직급체계와 직책

1. 객실승무원의 직급체계

객실승무원의 직급체계는 항공사별로 약간씩의 차이는 있으나 일반적으로 아래와 같이 구분하며, 공통적으로 여러 단계의 승격과정을 거치게 된다.

수습(인턴) 승무원으로 입사하여 일정기간 동안 비행근무를 한 후 자격심사를 거쳐 정식 승무원이 된다. 정식 승무원으로 일정기간 비행근무 후 자격심사를 거쳐 선임승무원(Senior Stewardess)이 되며 영어 약어로 SN이라 칭한다. 선임승무원(Senior Stewardess)으로 일정기간 근무 후 자격심사를 거쳐 부사무장(Assistant Purser)으로 승격하며 영어 약어로 AP라 칭한다. 그리고 부사무장(Assistant Purser)이 되고 나서 일정 근무기간이 지나면 항공기 객실의 관리자격인 사무장(Purser)으로 승격할 수 있는 자격이 주어진다. 사무장(Purser)에서 일정기간 근무 후 선임사무장(Senior Purser)으로 승격할 수 있는 자격이 주어지며 그 후 일정기간 근무하면 객실승무원 최고의 직급인 수석사무장(Chief Purser) 자격심사 대상이 된다.

개인별, 항공사별로 다소 차이는 있으나 통상적으로 승무원이 된 지 2년 후에 선임승무원으로 승격되며, 그 후 2년 뒤에는 부사무장, 4년 후에 사무장으로 승격하게 된다. 각 직급에서의 승격은 각종 교육이수 및 외국어 능력시험 등의 엄격한 절차를 통하여 이루어진다.

구분	승무 직급	동일한 일반직 직급
SD(Steward), SS(Stewardess)	남 · 여 승무원	사원
SN(Senior Stewardess)	선임승무원	사원
AP(Assistant Purser)	부사무장	대리
PS(Purser)	사무장	과장
SP(Senior Purser)	선임사무장	차장
CP(Chief Purser)	수석사무장	부장

2. 항공 객실승무원의 직급별 업무

1) 객실 팀장(Duty Purser)

항공편에 탑승한 객실승무원 구성 팀의 팀장 보임자로 객실 안전 및 서비스에 관련한 제반사항, 객실승무원의 관리 및 지도, 객실 업무관리, 평가 등의 책임을 맡는다.

- 객실 브리핑(Cabin Briefing) 주관 및 업무배정(Duty Assign)
- 항공기내 설비 및 장비의 기능점검 및 확인
- 항공기 출입항 서류 및 제반서류 관리
- 전반적인 기내서비스 진행관리 및 감독
- 기내방송 실시 및 관리감독
- VIP, CIP, Special Handing 승객 등에 대한 처리 및 보고
- 비행 중 발생하는 Irregularity 상황의 해결 및 보고
- 안전비행을 위한 제반조치
- 운항 승무원과의 의사소통 역할
- 해외 체재 시 팀 승무원 관리 및 해외 지사와의 업무 연계체제 유지

2) 객실 부팀장(Assistant Purser)

팀장 유고 시 그 임무를 대행하며, 객실서비스 전반에 걸친 총괄을 담당하며 다음의 업무를 수행한다.

- 객실 팀장(Duty Purser) 업무 보좌
- 일반석(Economy Class) 서비스 진행 및 관리
- 기내서비스 용품 탑재 확인 및 처리
- 비행안전 업무 전반

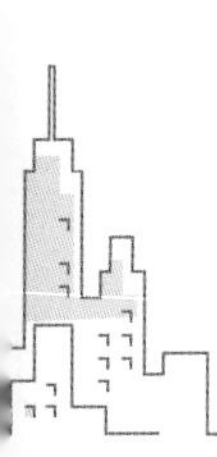

- 수습 승무원 훈련지도 및 평가
- 일반 승무원으로서의 할당 업무
- 기타 팀장으로부터 위임받은 업무
- 팀장의 임무수행이 불가능한 경우 팀장 업무 대행

3) 객실승무원(Steward, Stewardess)

업무배정(Duty Assignment)에 따라 비행 중 각자에게 할당된 기내서비스 업무를 담당한다. 항공기 객실구역(Zone)별로 BL(B Zone Left Side Duty), CR(C Zone Right Side Duty), EG(E Zone Galley Duty) 등의 업무코드에 따라 자신의 업무를 수행한다.

4) 현지 여승무원(Regional Stewardess)

각 항공사의 경우 해당 언어권의 현지 승객을 위한 의사소통 및 기내방송을 위하여 현지 여승무원(약어로 RS)을 기내에 탑승시킨다. 현지 여승무원은 일반 객실승무원의 임무 및 현지 승객의 의사소통, 기내방송 등을 담당한다.

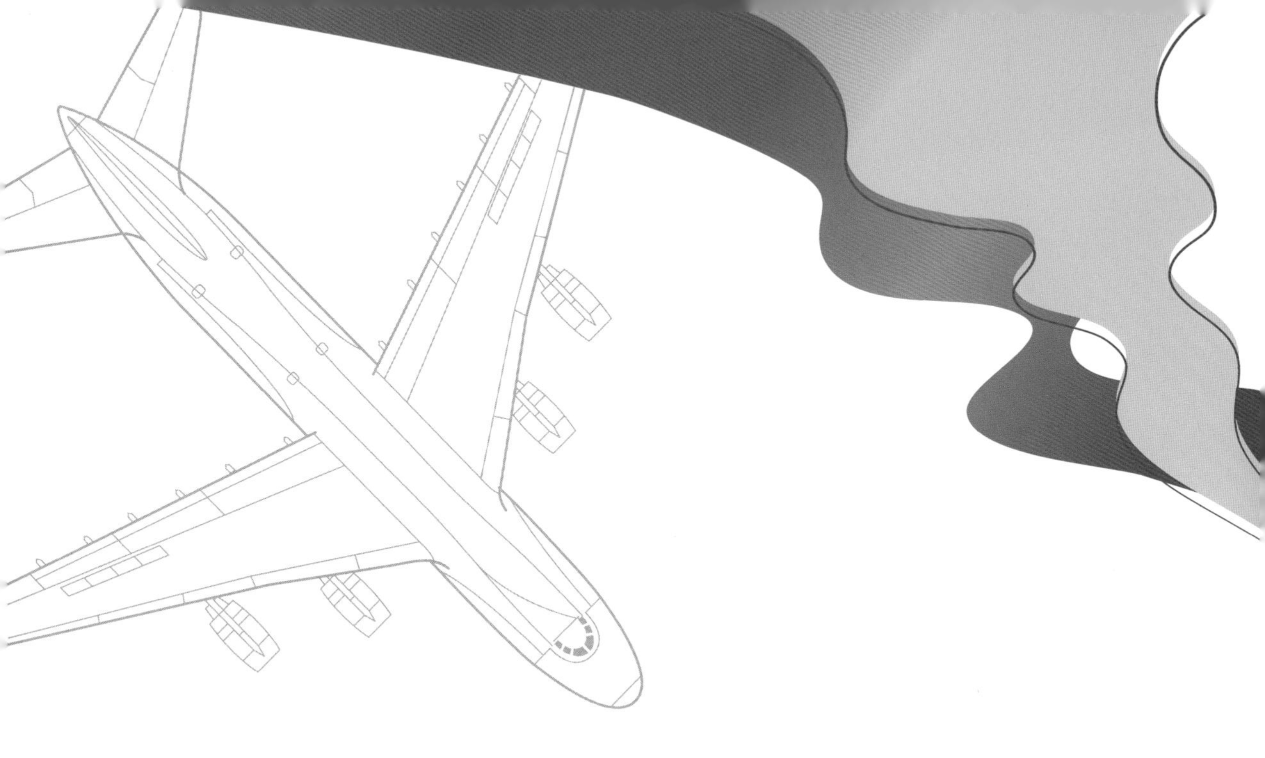

제 2 장
객실승무원의 근무규정

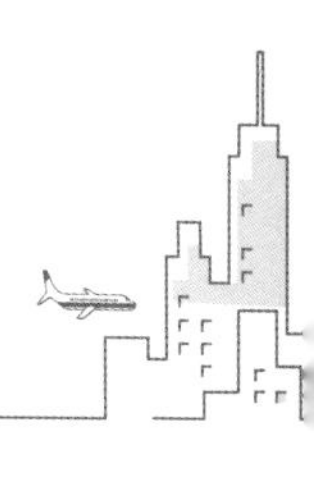

제 2 장 객실승무원의 근무규정

제 1 절 객실승무원의 근무형태와 스케줄

1. 근무형태

1) 승무(On-Duty Flight)

비행업무를 위해 회사가 정한 장소에 Show-up 한 시각부터 항공기에 탑승하여 비행업무를 수행하여 해당업무가 종료된 시각까지 경과한 시간을 말한다. 비행근무에서 비행시간은 Block Time을 기준으로 한다.

Block Time

항공기가 자력으로 움직이기 시작(Push Back)한 때로부터 다음 목적지에 착륙하여 정지(Engine Shut Down)할 때까지의 시간을 뜻한다.

2) 편승(Extra Flight)

객실승무원이 다음 업무를 위해 또는 업무를 마치고 할당된 업무 없이 공항과 공항 간을 자사 또는 타사 항공편으로 이동하는 것을 말하며, Ferry Flight를 포함한다. 편승 때에는 신분이 노출되지 않도록 사복으로 갈아입고 비행기에 탑승하며, 모든 비행 전후의 업무는 승무 때와 동일하다.

Ferry Flight

유상으로 여객이나 화물을 탑재하지 않고 하는 비행으로 항공기 도입 시나 정비를 위한 이동, 편도의 전세기 등이 이에 해당된다.

3) 지상근무

일반부서와 비교하여 객실승무원 업무의 특수성으로 인해 승무원 신분으로서 일정기간 사무실에서 근무하는 것으로 비행 근무와 관련된 계획업무, 지원업무, 훈련업무 등을 의미한다.

4) 대기근무(Stand-By)

대기근무는 정기, 부정기 항공편에 결원이 발생하거나 스케줄 및 기종 변경 등으로 충원이 필요할 때 승무 인력을 즉시 공급하기 위하여 승무원이 지정된 장소에서 대기하는 것을 말한다.

공항의 승무원 대기실에서 대기하는 공항대기(Airport Stand-By)와 거주지에서 대기하는 자택대기(Home Stand-By)로 구분한다.

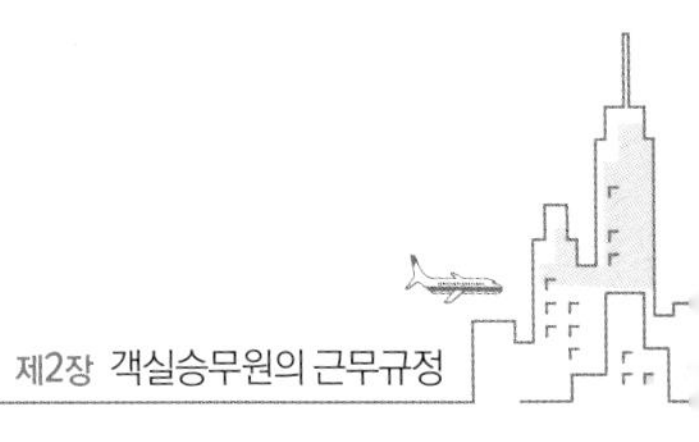

공항대기(Airport Stand-By)

정기, 부정기 항공편에서 결원 발생 시 그 충원을 위하여 공항 내의 지정장소에서 근무에 즉시 투입 가능한 형태로 대기하는 근무이며 완전한 승무복장을 갖추고 대기하여야 하며 지정된 장소를 이탈해서는 안된다.

자택대기(Home Stand-By)

1일 단위로 지정된 시간까지 거주지에서 대기근무를 하는 형태로서 지정된 시간 이후에는 휴일로 전환되는 근무형태이다.

5) 교육훈련(Training, TR)

객실승무원은 입사교육인 신입 전문훈련 외에도 정기적인 안전훈련, 직급에 따라 업무수행에 필요한 승급 및 직무 교육훈련을 이수 및 통과하여야 한다.

2. 스케줄 *Schedule, SKD*

1) 스케줄 원칙

객실승무원의 개인별 비행근무시간은 규정에 의하여 일, 월, 연간 일정 제한시간을 두고 이를 초과하지 않는 범위에서 배정하도록 되어 있으며, 개인별 또는 팀별로 비행시간 및 노선배정의 평준화 등이 이루어지도록 공평하게 짜여진다.

객실승무원 편성은 효율적인 기내서비스 업무를 수행하기 위해 기종별로 직위에 따른 적절한 인원을 배정하여 조를 편성, 운용하게 되는데 직종별 탑승인원 책정 및 편성 때 다음과 같은 원칙으로 짜여진다.

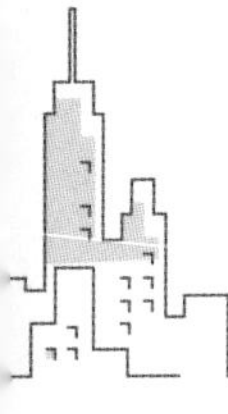

- 비행안전을 위한 최소한의 탑승인원 할당
- 비행노선 및 비행시간에 따른 서비스내용
- 국제선 및 국내선 노선에 대한 편성
- 승무원 인원수급 계획상의 변동

2) 스케줄표(Flight Schedule)

객실승무원의 모든 근무는 개인별 월간 스케줄표에 의거하여 이행되며, 객실승무원은 항상 스케줄표를 확인하고 근무에 임하도록 한다. 이미 배정된 스케줄은 사전 허가된 부득이한 경우 외에 임의로 불이행하거나 다른 승무원과의 교환이 불가능하나 운항 스케줄 또는 업무상의 사유로 변경될 수는 있다.

이미 할당된 근무를 질환 및 개인사유로 변경하고자 할 때에는 해당편 출발(해당 근무시간) 24시간 이전에 소정의 절차를 걸쳐 허가를 득해야 한다.

스케줄표에는 승무, 대기, 편승, 교육훈련, 지상근무, 휴일, 휴가 등이 포함되어 명시된다.

월 스케줄표(Monthly Individual Schedule)

Monthly Individual Schedule이란 객실승무원의 1개월간 비행 스케줄이 수록된 양식으로 월 단위로 배포되는 개인 비행 스케줄표를 말한다. 객실승무원은 Monthly Individual Schedule에 명시된 비행근무 의무가 있으며, 근무일정은 회사 사정에 의해 임의로 변경되기도 한다.

✓ 월 스케줄표(Monthly Individual Schedule) 수록 내용

- 인적사항 : 이름, 직원고유번호, 직급, 직책, 전화번호, 방송자격, 여권유효일자 등
- Itinerary : 1개월간 비행일정(해당 비행편명, 출발시간, 도착시간, 월 총 비행시간)
- Day Off : 휴가, 교육 등 비행근무 외 근무내용

✓ Monthly Individual Schedule 용어

- D : Day Off
- HS : Home StandBy
- SA/SB/SC : Airport StandBy
- TR : Training
- VA : Vacation
- MV : Monthly Vacation
- MR : Monthly Vacation Request

✓ 월 스케줄표

Roster Summary from 01FEB14-28FEB14
(Times shown are in Port Local times)

Actual Flight Times

Latest 30 Days: 87:50 Current Month: 81:05 Latest 90 Days: 263:17 Latest 1 Year: 1042:36

Sunday	Monday	Tuesday	Wednesday	Thursday	Friday	Saturday
Feb 01 KE 0621 0755 ICN MNL 1100 KE 0622 1230 MNL ICN 1720	Feb 02 ATDO 0000:2359 ICN	Feb 03 KE 1401 0815 ICN PUS 0920 KE 1108 1130 PUS GMP 1225 KE 1115 1400 GMP PUS 1455 LO 1455 PUS PUS 2359	Feb 04 LO 0000 PUS PUS 0750 KE 0731 0900 PUS KIX 1025 KE 0732 1125 KIX PUS 1255 KE 1116 1530 PUS GMP 1625	Feb 05 ATDO 0000:2359 ICN	Feb 06 CT6 0600 ICN ICN 1800	Feb 07 KE 0623 1910 ICN MNL 2215 LO 2215 MNL MNL 2359
Feb 08 LO 0000 MNL MNL 2235 KE 0624 2345 MNL ICN 2359	Feb 09 KE 0624 0000 MNL ICN 0415	Feb 10 ADO 0000:2359 ICN	Feb 11	Feb 12 KE 0129 1700 ICN AKL 2359	Feb 13 KE 0129 0000 ICN AKL 0810 LO 0810 AKL AKL 2359	Feb 14 LO 0000 AKL AKL 2359
Feb 15 LO 0000 AKL AKL 0815 KE 0130 0955 AKL ICN 1750	Feb 16 ATDO 0000:2359 ICN	Feb 17 ATDO 0000:2359 ICN	Feb 18 KE 0655 1840 ICN BOM 2359	Feb 19 KE 0655 0000 ICN BOM 0040 LO 0040 BOM BOM 2359	Feb 20 LO 0000 BOM BOM 2359	Feb 21 LO 0000 BOM BOM 0120 KE 0656 0230 BOM ICN 1310
Feb 22 ATDO 0000:2359 ICN	Feb 23 KE 8659 1850 ICN BKK 2255 LO 2255 BKK BKK 2359	Feb 24 LO 0000 BKK BKK 2359	Feb 25 LO 0000 BKK BKK 0840 KE 0660 0950 BKK ICN 1710	Feb 26 ATDO 0000:2359 ICN	Feb 27 KE 0827 0815 ICN SZX 1125 KE 0828 1240 SZX ICN 1700	Feb 28 ATDO 0000:2359 ICN

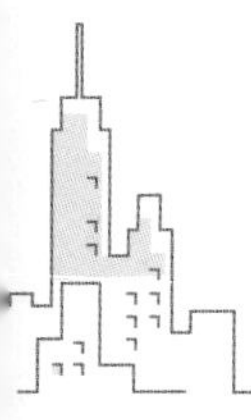

제 2 절 객실승무원의 책임과 의무

1. 객실승무원의 임무

- 객실승무원은 항공사 업무규정집에 수록된 규정/지침을 준수해야 한다.
- 객실승무원은 고시된 최근 업무지시를 숙지해야 한다.
- 객실승무원은 객실 내 불안전하고 비정상적인 상황에 대하여 기장에게 보고해야 한다.
- 객실승무원은 항공기 운항관련 중대한 사항의 경우 기장과 협의하여야 하고, 필요시 기장의 지시에 따라야 한다.
- 객실 내 비상장비, 의료장비 및 기타 비품을 점검한다.
- 객실수화물 및 우편물의 탑재사항을 철저히 파악한다.
- 객실승무원은 안전하고 쾌적한 비행환경을 조성하고 유지해야 한다.

2. 객실승무원의 준수사항

- 주거지의 주소, 전화번호를 회사에 등록해야 하고, 변경 시 3일 이내에 변경내용을 통보해야 한다.
- 출근 시와 승무 종료 후 회사의 지시내용 및 공고내용을 확인하고 숙지, 이행해야 한다.
- 비행근무에 적합한 신체상태를 유지해야 하며, 정기적으로 연 1회 이상 회사가 정하는 기준에 따라 신체검사를 받아야 한다.
- 허가되지 않은 회사의 물품이나 용구를 개인적인 목적을 위해 사용할 수 없다.
- 승객에 대한 제반사항이나 기록에 대하여 비밀을 유지한다.
- 회사의 사전 승인 없이 매스컴 활동 및 홍보 활동을 할 수 없다.

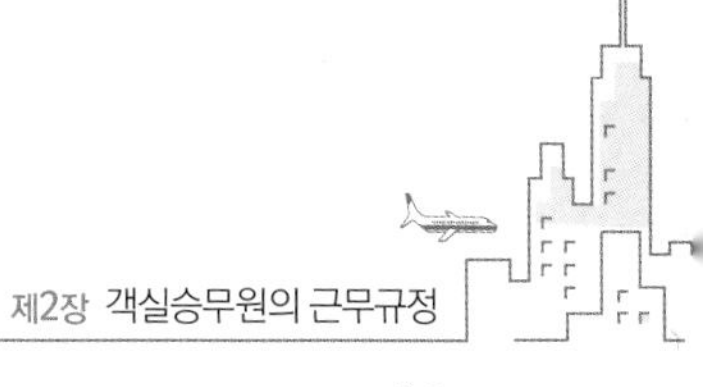

- 회사 공문서 외에 개인적 서신이나 타인의 서신 및 물품을 운반할 수 없다.
- 출입국 시 소정의 휴대품 이외에 「관세법」에 저촉되는 물건을 소지하면 안 된다.
- 비행 12시간 전부터 비행이 끝나는 시점까지 금주한다.
- 비행 24시간 이내 스쿠버다이빙을 금한다.
- 일체의 수혈을 금지하고, 불가피하게 수혈을 한 경우 72시간 이내 비행을 금한다.

3. 해외 체재 규정

1) 회사 재산 반출 금지

객실승무원은 회사의 공식적인 서면 승인 없이 회사의 재산을 반출하여 사용해서는 안된다.

2) 숙소 이탈 금지 및 숙소 귀환시간 준수

해외 체재 시 지정된 숙소 이외의 장소에서 허가 없이 숙박해서는 안되며, 속해 있는 행정구역을 넘어 이동할 수 없다.

3) 호텔 규칙 준수

Hotel에서 정한 일반적인 규칙을 준수하고, 다른 손님에게 방해가 되는 행동을 해서는 안된다.

4) 도박행위 금지

해외 체재 시 어떠한 형태의 도박도 해서는 안된다.

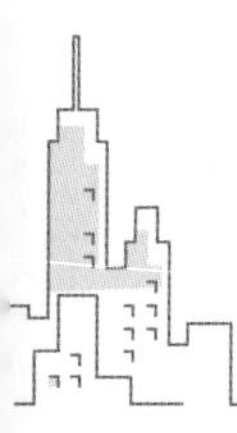

5) 풍기문란 행위 금지

객실승무원은 해외에서 이성과의 풍기문란 행위를 하여 회사의 이미지를 손상시켜서는 안된다.

제3절 객실승무원의 용모 복장 규정

1. 유니폼 착용 수칙

승무원의 유니폼은 회사에서 지급한 것으로 형태나 규격을 임의로 변경할 수 없고, 타인에게 매매, 교환, 기부 또는 양도할 수 없다. 유니폼은 항상 깨끗하고 단정하게 착용하며 근무 목적이나 근무를 위한 연속적인 시점에 있는 경우를 제외하고 근무시간 및 근무지역 이외에서의 착용을 금한다. 유니폼 착용 시 개인적인 부착물을 패용해서는 안되며, 껌을 씹거나 안경을 끼어서는 안 된다.

바람직한 승무원의 유니폼

2. 출퇴근 용모 복장

객실승무원은 항공사를 대표하는 사람이므로 출퇴근 시에도 단정하고 깔끔한 용모복장을 유지해야 한다. 유니폼이나 Formal한 스타일의 정장차림으로 출퇴근할 수 있고, 캐주얼하거나 지나치게 유행을 따르는 디자인은 피한다. 정장에 어울리는 구두를 착용하고, make-up과 머리는 비행근무에 준하는 스타일을 유지해야 한다.

3. 남승무원의 용모 복장

1) 머리

지나치게 유행을 추구하는 헤어스타일은 허용되지 않는다. 앞머리는 흘러내리지 않도록 하고, 옆머리는 귀를 덮지 않으며 뒷머리는 White shirt 깃 상단에 닿지 않도록 한다.

2) 복장

캐주얼한 복장이나 운동화 및 부츠형의 구두는 금하고, 흰색양말의 착용을 금한다. 유니폼과 구두는 항상 깨끗하고 잘 다려진 상태를 유지한다.

3) 얼굴

면도는 깔끔히 하고, 항상 개인위생에 세심한 주의를 기울인다.

4) 손

항상 청결하게 유지하고, 손톱은 길지 않도록 정리한다.

4. 여승무원의 용모 복장

1) 머리

Short cut형, 단발머리형, 긴 머리형 중 자신의 얼굴형과 유니폼에 어울리는 스타일로 한다. 손질하지 않은 파마머리는 금하고 단정하게 손질한다. 액세서리는 규정 이외의 것을 사용하면 안되고, 염색, 탈색, 변색, 가발 사용은 금한다.

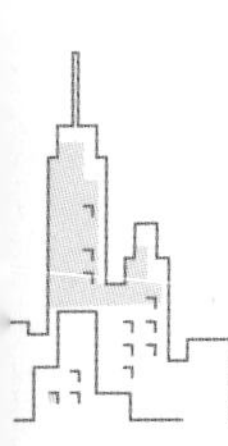

2) 화장

유니폼에 어울리는 자연스럽고 밝은 분위기를 연출한다.

3) 손

항상 청결하게 유지하고, 매니큐어를 바르며 벗겨지지 않도록 한다.

4) 복장

유니폼은 항상 다림질하여 깔끔하게 착용하고, 스타킹은 반드시 착용한다.

5) 앞치마

항상 깨끗하게 관리하고, 구김이 없도록 잘 다려진 상태를 유지한다.

액세서리

- 시계는 반드시 착용하고, 지나치게 화려한 색상이나 디자인은 금한다.
- 반지는 폭 10mm 이내의 단순한 디자인의 반지를 2개까지 허용한다.
- 귀걸이는 단순한 디자인 1쌍이 허용되고, 흔들리는 디자인은 금한다.
- 팔찌는 보석이 없고, 폭 7mm 이내의 금, 백금, 은으로 된 단순한 디자인 1개가 허용된다.
- 목걸이는 폭 5mm 이내의 단순한 디자인 1개가 허용되고, 블라우스 안쪽으로 착용한다.

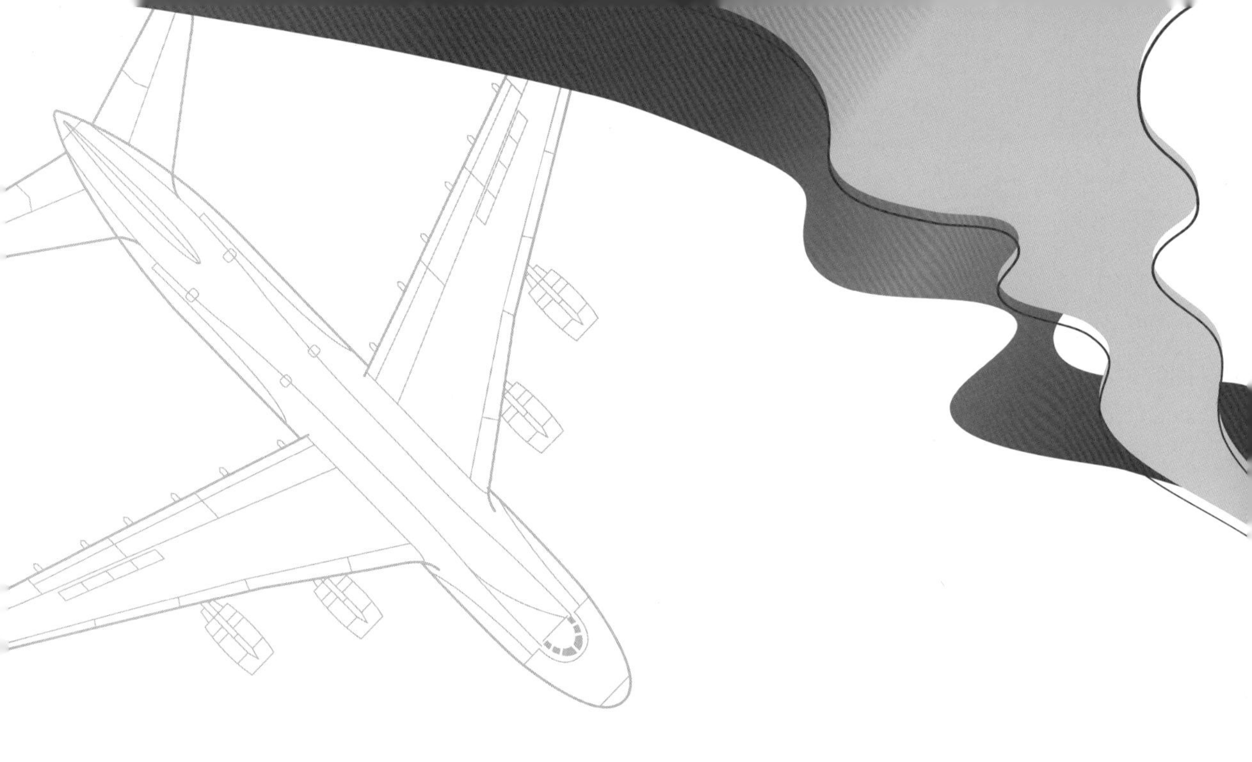

제 3 장 항공기 객실구조와 시설

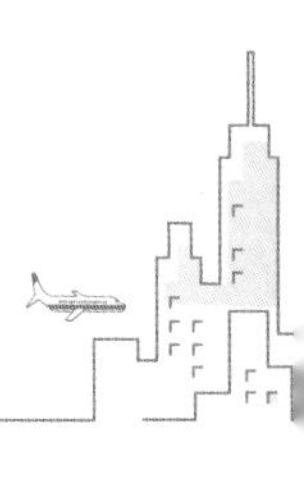

제3장 항공기 객실구조와 시설

제1절 항공기 객실구조

1. 항공기의 정의

1919년 파리 국제민간항공조약은 그 부속서에서 항공기를 "공기의 반동에 의해 공중을 부양하는 모든 기기"라고 정의하였다. 또한 1944년 시카고 국제민간항공조약도 항공기의 정의를 유사하게 채택하여 항공기란 "공기의 반동에 의해 공중을 부양하는 기계의 총칭이며 비행기 · 비행선 · 기구 · 활공기를 포함한다."라고 정의하였다.

우리나라 「항공법」 2조1항에 항공기라 함은 "비행기 · 활공기 · 회전날개항공기 그 밖에 대통령령이 정하는 것으로서 항공에 사용할 수 있는 기기를 말한다."라고 규정하고 있다.

한편, 유사한 개념인 비행기(Airplane)는 항공기의 범주에 포함되는 동력항공기만을 의미하는 것으로서 미국 「연방항공법」에서는 비행기를 "날개에 공기의 역학적인 반작용으로 대기 중에 부양되는 공기보다 무거운 고정날개의 동력항공기"(Airplane means an engine-driven fixed-wing aircraft heavier than air, that is supported in flight by the dynamic reaction of the air against its wings)로 정의하고 항공기는 "공중에 부양하기 위해 고안되었거나 사용되는 모든 장치"(Air-

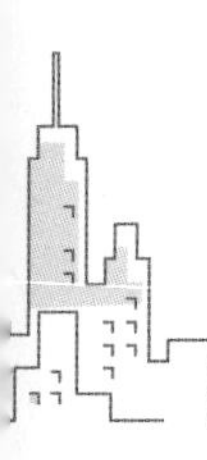

craft means a device that is used or intended to be used for flight in the air) 라고 하여 항공기의 범주 속에 비행기를 포함하고 있다. 그러나 하늘을 나는 기계라고 해서 전부 항공기는 아니다. 사람을 태우지 않고 나는 기상관측용 기구나 인공위성 또는 유도탄 같은 것은 항공기라 하지 않는다.

2. 항공기 객실 내부구조

항공기는 크게 소형기(Narrow Body) 항공기와 대형기(Wide Body) 항공기로 구분된다.

내로 바디(Narrow Body)란 기내의 통로가 한 개인 소형기종을 의미하며 와이드 바디(Wide Body)란 이동 가능한 통로가 두 개인 중 · 대형기종을 총칭한다. Airbus사의 380과 Boeing사의 747-400, 777-200, 777-300 등이 대형기종이며, Airbus사의 330-200, 330-300, 300-600시리즈가 중형기, Boeing사의 737이 소형기종에

속한다. 대형기종은 장거리 주력 기종이며 중 · 소형기종은 중거리 및 단거리용으로 운항된다.

✓ 일반 여객기의 분류

Wide Body			Narrow Body		
중 · 대형기종 항공기			소형기종 항공기		
대형기종 항공기	AIRBUS	380	소형기종 항공기	BOEING	737
	BOEING	747–400 777–200 777–300			
중형기종 항공기	AIRBUS	330–200 330–300 300–600			

✓ A380 Class와 Zone

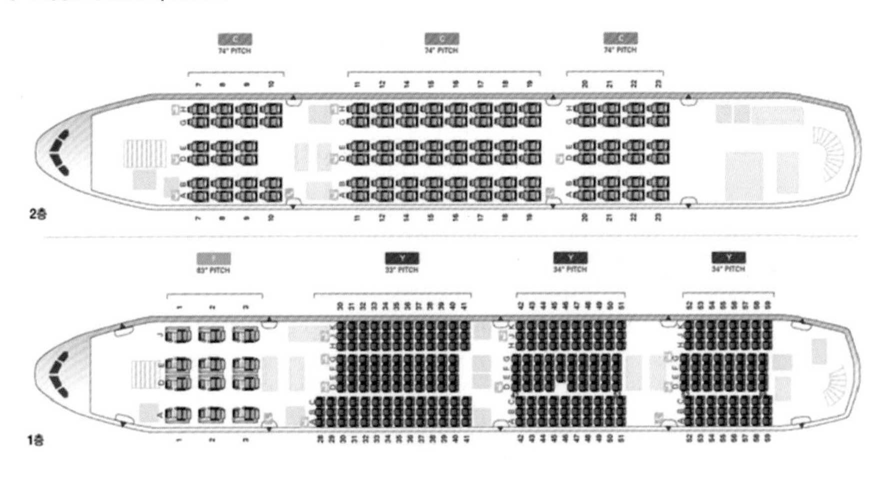

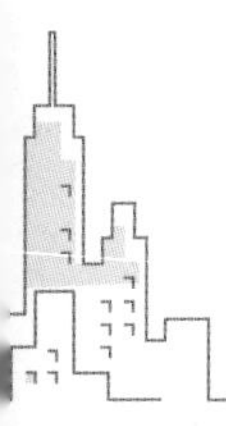

1) 대형기

대형기는 Wide Body 항공기로 에어버스사의 A380, 보잉사의 B747-400, B777-200, B777-300 등이 대표적인 기종이며, 주로 10시간 이상의 장거리 구간을 Non-Stop으로 운항한다.

객실의 구조는 항공기라는 특수성으로 인해 구역(Zone)으로 구분하며 이 구역을 기준으로 하여 객실의 등급을 구분하여 승무원들의 업무를 할당하게 된다. 일반적으로 가장 앞쪽에서부터 A, B, C, D, E Zone으로 구분되며 A Zone은 일등석으로 운영된다. B Zone은 이등석(Business), C, D, E는 일반석으로 운영되나 B747-400의 경우, 이층에 객실(Upper Deck)이 있어, 이등석으로 사용된다. 또한 조종실은 항공기의 앞부분에 위치하는 것이 일반적이나 이 기종의 경우는 위층 칸(Upper Deck)에 있다.

B747-400 항공기

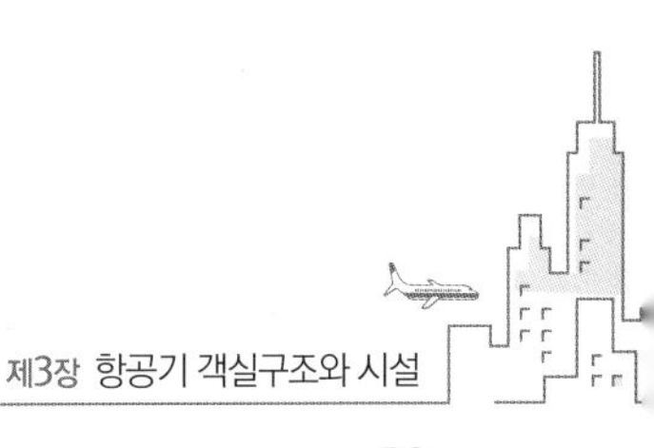

하늘의 호텔 - A380

2007년 **A380**기종이 등장하면서 대형기의 기준이 바뀌고 있다. 길이 72.7m, 너비 79.8m로 축구장 크기와 맞먹으며, 대당 가격은 3억 7,500만 달러(약 4,100억 원)에 이른다.
현존 여객기 가운데 객실 소음도가 가장 낮고, 연료 효율성은 가장 높으며, 고객들이 가장 편안하게 이용할 수 있도록 설계됐다는 평가를 받고 있다. 특히 객실이 2개 층으로 나눠진 복층 항공기다.
2011년 초 대한항공은 주문한 10대 중 4대를 인도받아 운항을 시작하였으며, 아시아나항공은 2014년에 인도받아 운항을 시작하였다.

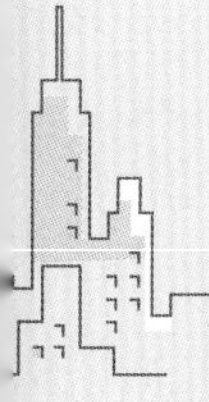

2) 중형기

대형기와 동일하게 Wide Body이며 A, B, C, D 네 개의 Zone으로 구분된다. 주로 10시간 미만의 노선에 취항하며, 총 250명 내외의 승객이 탑승 가능하다. 보잉사의 B767 또는 에어버스사의 A300기종 등이 현재 중형기로 각국 항공사에서 이용되고 있다. 대체로 일등석이 운영되지 않고 비즈니스석과 일반석 두 클래스만 사용하는 경우가 대부분이며 Upper Deck 또한 없다.

A330-200 항공기

3) 소형기

소형기(Narrow Body)는 상위 클래스인 A Zone과 일반석인 B Zone으로 구분된다. 주로 국내선 구간과 일본, 중국노선과 동남아 등 단거리 노선을 운항한다. 보잉사의 B737과 에어버스사의 A320기종이 대표적이며 보잉사의 B737의 경우 세계에서 가장 많은 대수가 팔린 것으로 알려져 있다. 주로 5시간 미만의 단거리 노선에 많이 사용되며 150명 내외의 승객이 탑승 가능하다.

B737-900 항공기

3. 화물기

화물기는 여객운송은 하지 않으며 단순히 화물만을 운송하는 항공기이다. 대형 화물전용기의 출현으로 종전에 불가능했던 대형화물의 수송과 장거리 수송이 가능하게 되어, 항공화물을 이용하는 수요층이 점점 늘어나는 추세이다. 일반적인 여객기의 경우 화물은 주로 비행기의 화물칸(Lower Deck)에 탑재되나, 화물과 승객 혼합운행기(Combination Aircraft)의 경우에는 객실의 뒷부분에 화물을 탑재하도록 만들어져 있는데 이런 항공기를 콤비(Combi) 항공기라 명명한다.

Combi 항공기

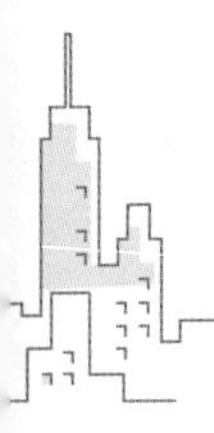

제 2 절 항공기의 객실서비스 등급

객실서비스 등급은 항공사에 따라 그 명칭이 약간씩 다르나 통상적으로 일등석(First Class), 비즈니스석(Business Class), 일반석(Economy Class)으로 구분된다. 객실서비스 등급은 항공기의 구역(Zone) 구분과 마찬가지로 객실승무원의 근무 구역을 설정하는 데 중요한 요소로 작용한다.

1. 일등석 *First Class*

일등석(First Class)은 주로 대형기에 운영되며 대개 20석 미만의 승객을 태울 수 있게 설계되어 있다. 최신의 항공기에서는 180도 완전 수평 좌석인 침대형 좌석(Sleepers First Class)으로 가장 편안한 항공여행을 제공한다. 좌석 간 독립적 공간이 보장되며 슬리퍼, 편의복, 고급 기내식과 최고급와인, 거위털 이불, 개인용 엔터테인먼트 시스템 등 최상의 편의가 제공된다. 일등석(First Class)은 객실 전방부나 Upper Deck에 위치하고 있다.

▼ 대한항공
A380-800 First Clsss

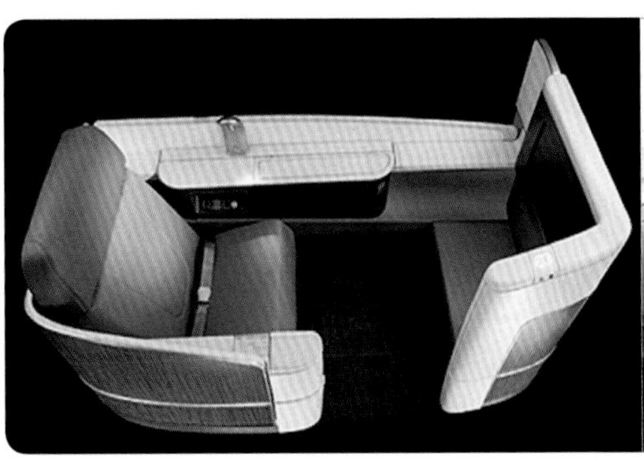

▼ 아시아나항공
A380 First Class

2. 비즈니스석*Business Class*

비즈니스석(Business Class)은 총 30~40석이 운영되며 일반석에 비해 좌석 간의 간격에 여유가 있어 일반석에 비해 편안한 여행을 즐길 수 있다. 등받이 기울기(Seat Recline)는 일등석과 일반석 중간 정도의 조절이 가능하다. 최근 들어 각국 항공사 마케팅 전략의 초점이 되는 Class가 되어 항공사마다 특색 있는 자사만의 비즈니스석(Business Class) 명칭을 내걸고 승객에게 다양한 편의시설을 운용하고 있다.

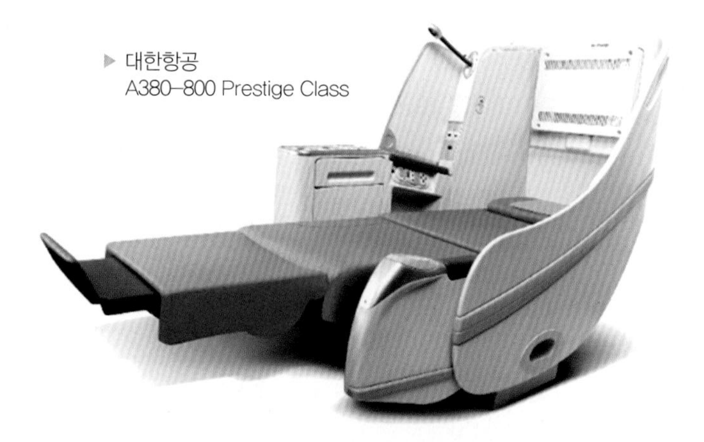

▶ 대한항공
A380-800 Prestige Class

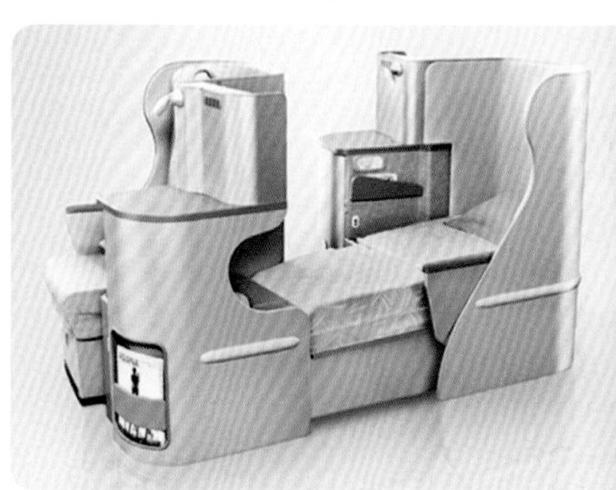

▲ 아시아나항공
B777-200ER OZ Quadra Business Smartium

▲ 대한항공
777-300 Prestige Class

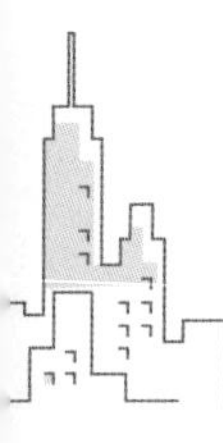

3. 일반석 *Economy Class*

일반석(Economy Class)은 항공기에서 가장 많은 승객이 탑승하는 등급이다. 기종별로 차이는 있으나 소형기의 경우 약 100명, 중형기의 경우 약 250~300명, 대형기의 경우 약 300~400명까지 탑승할 수 있다.

근래에는 약 600명 이상의 일반석 승객이 탑승할 수 있는 A380기종이 개발되어 운행되고 있다.

최근 항공사별로 신형 기종에는 일반석도 등받이 각도와 좌석 사이의 간격을 보다 넓히고, 좌석 하단에 발 받침대(Foot Rest)를 장착하여 운영하는 등 승객 편의시설 확충을 위해 더욱 노력하고 있다.

아시아나
A380 트래블 클래스

대한항공
A380-800 New Economy

제 3 절 항공기 객실시설

1. 승객좌석 *Passenger Seat*

승객의 좌석은 보통 일등석(First Class), 비즈니스석(Business Class), 일반석(Economy Class)이며 각 항공사별로 다르게 좌석을 배치하고 있고, 좌석과 좌석간의 간격(Seat Pitch)도 다르다. 일반적으로 일등석은 약 57인치, 일반석은 약 28인치 정도의 간격을 두고 있다.

모든 승객의 좌석 밑에는 비행기가 비상사태로 인하여 바다에 착륙할 경우 사용하는 비상용 구명조끼가 구비되어 있다.

Passenger Seat의 구성요소

- Amrest
- Seat Back
- Seat Pocket
- Footrest
- Tray Table
- Seat Restraint bar

▲ 대한항공 B747-400 Economy Class Seat

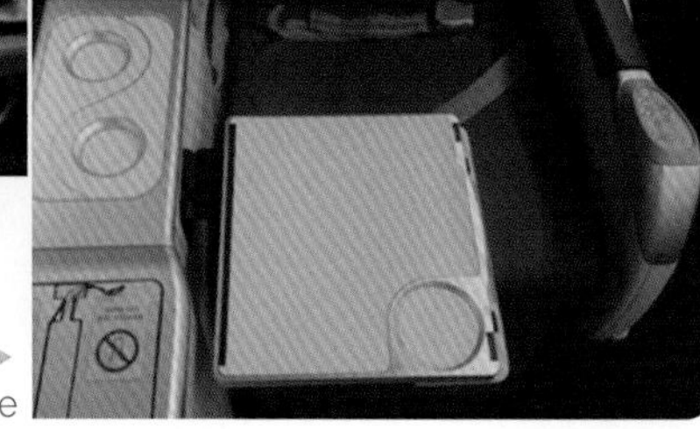

▶ Tray Table

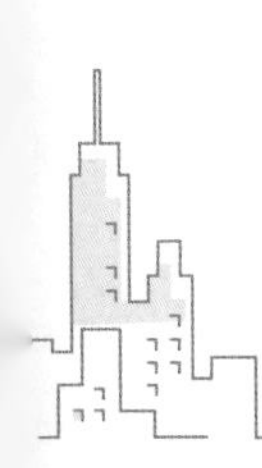

1) 개인용 모니터

항공사에서 제공하는 각종 영화 및 오락 프로그램을 즐길 수 있도록 구성되어 있으며, 최근에 도입되는 항공기는 대부분 좌석에 부착된 개인용 모니터를 통해 각자의 취향에 맞는 프로그램을 선택하여 감상할 수 있도록 AVOD(Audio & Video On Demand)서비스를 제공하고 있다. 좌석 앞에 5~10인치 크기로 구비되어 영화 및 음악, 게임들을 즐길 수 있으며 비행정보 확인도 가능하다.

Air Show

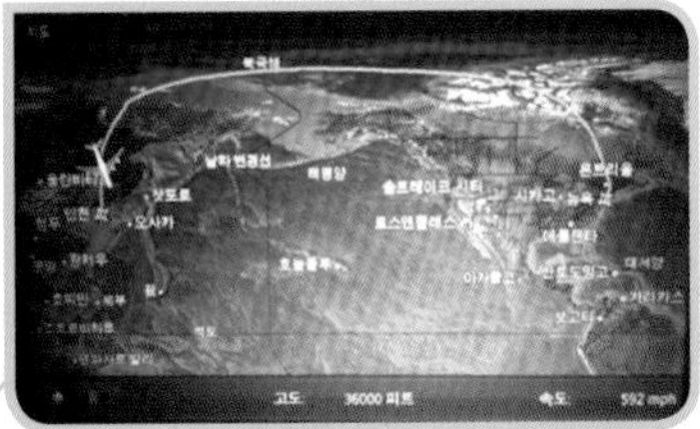

▼ AVOD가 장착된 비즈니스 클래스

AVOD가 장착된 EY/Class ▼

2) P.C.U(Passenger Control Unit) / P.S.U(Passenger Service Unit)

승객이 비행 중 좌석에 앉아 조작할 수 있는 편의시설 및 엔터테인먼트 이용 장치를 지칭하며 승객 팔걸이 및 좌석 위쪽에 위치해 있다. 독서등, 승무원 호출버튼, 좌석 등받이버튼, Air Ventilation, 기내영화 및 오디오 감상 시 필요한 각종 조절 버튼이 있다.

산소마스크(Oxygen Mask)

기내 감압현상이 발생할 때(객실 고도 10,000ft 이상) 각 승객 좌석의 선반 속에서 자동적으로 내려오도록 되어 있으며, 마스크(Mask)를 당겨 코와 입에 대면 산소가 공급되게 되어 있다.

P.S.U(Passenger Service Unit)

Reading Light / Speaker / No Smoking Sign / Fasten Seat Belt Sign / PAX Call Indicator

P.C.U(Passenger Control Unit)

Reading Light Button / 승무원 호출 버튼 / 승무원 호출 리셋 버튼 / 모니터 On/Off 버튼 / 음량 조절 버튼

◀ P.S.U

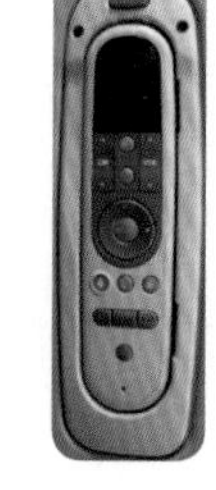

◀ P.C.U

2. 승무원 좌석 *Jump Seat*

비상사태 시 승무원의 역할 수행을 위하여 각 비상구(Exit Door) 주변에 설치되어 있으며, 1~2명이 앉을 수 있도록 되어 있다. 사용하지 않을 때에는 비상 탈출 시에 대비하여 자동으로 접히게 되어 있다. 승무원 좌석 주변에는 객실 내 각 구역의 승무원 및 조종실의 운항승무원과 상호 간 연락을 취하고 필요할 때 기내방송을 할 수 있는 인터폰과 산소마스크, 소화기 등 각종 비상장비가 장착되어 있다.

1인용 Jump Seat

3. 선반 *Overhead Bin*

승객의 좌석 머리 위쪽에 부착되어 있는 선반으로서 승객의 가벼운 짐이나 코트, 베개, 담요 등을 넣을 수 있는 공간을 말한다. 또한 이곳에 좌석번호가 부착되어 있는 곳이기도 하다. 이착륙 시에 완전히 닫힘상태를 점검해야 한다.

4. 주방 *Galley*

객실승무원들이 승객들에게 제공할 기내식 및 음료, 기내서비스 용품을 저장하고 준비하는 작업공간이다. 서비스를 준비하는 동안에는 커튼을 닫아놓으며, 이착륙 시에는 커튼을 열어놓아야 한다. 오븐, 커피메이커, 냉장고, Water Boiler 등의 시설을 갖추고 있고, 지상에서 탑재된 식음료, 면세품 등 각종 기내서비스 용품이 Cart와 Compartment에 탑재되어 있다. 복층으로 구성된 대형항공기의 경우 Galley 내에 엘리베이터가 있어 물품 이동이 가능하다. 또한 이착륙 시에는 모든 물품을 고정 및 보관할 수 있도록 설계되어 있다.

1 2 Galley

Galley

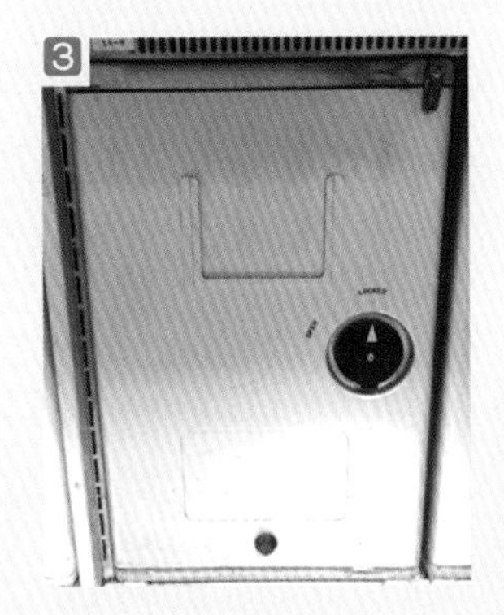

3 Oven
4 Coffee Maker
5 Circuit Breaker
6 Water Boiler
7 Compartment
8 쓰레기통

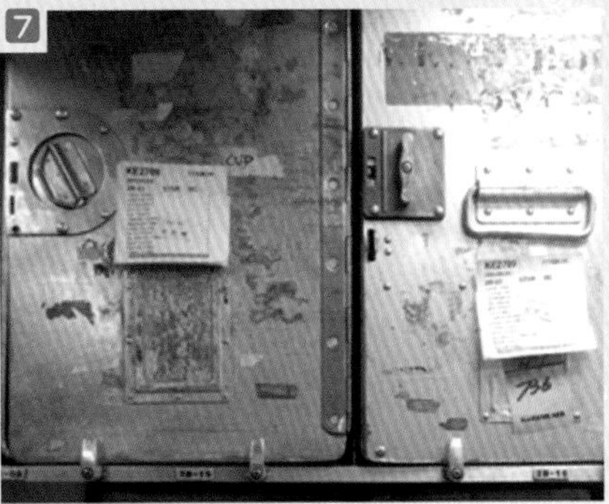

5. 화장실*Lavatory*

항공기 내의 화장실은 대부분의 항공사가 별다른 차이 없이 운영되어 왔으나 최근 들어 각 항공사별로 고급화·차별화 전략이 두드러지는 추세이다. 최근에는 장·단거리 구분을 불문하고 화장실마다 클렌징 티슈, 스킨로션, 향수, 구강청결제 등을 구비하여 탑승객들의 편의를 제공하고 있다. 기내 화장실의 물내림(Flushing)방식은 항공기별로 Water Flushing Type과 Air Vacuum Type 중 하나가 사용되고 있다. 최근에는 거의 모든 항공기가 Air Vacuum Type으로 운영된다.

또한 근래에는 모든 항공사에서 항공기내 전 구역 금연수칙을 적용하여 화장실 내에 연기감지용 Smoke Detector, Temperature Indicator, 열감지용 소화기 등을 설치하여 법적 구속력을 갖는 금연수칙에 만전을 기하고 있다.

화장실 변기

Lavatory indicator

화장실 세면대

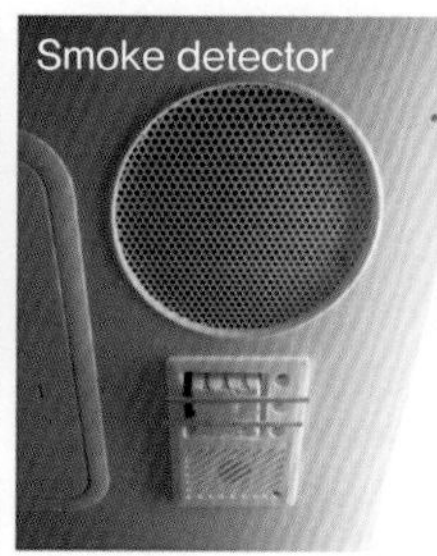
Smoke detector

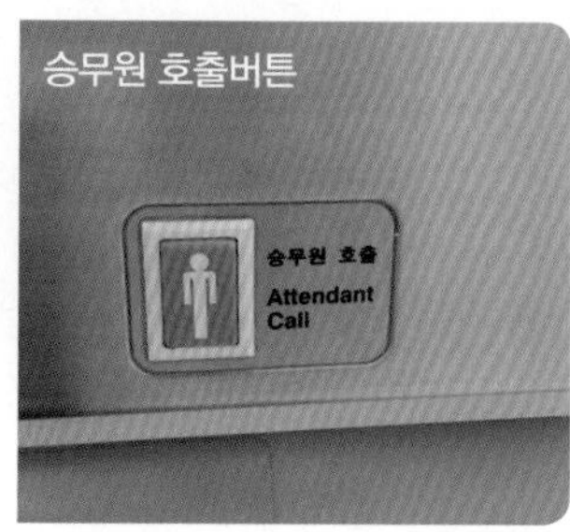

승무원 호출버튼

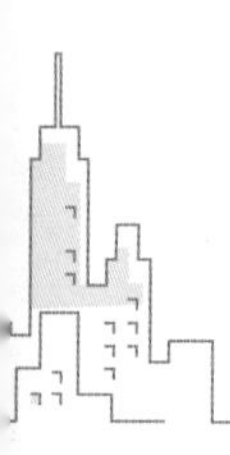

6. Doors

항공기 Door는 승객의 탑승 및 하기를 목적으로 하는 Door와 서비스물품의 탑재 및 하기를 위한 door가 있고, 비상시에는 모든 Door가 탈출구로 사용된다. 항공기 Door에는 비상탈출 시 사용되는 Escape Slide 또는 Escape Slide/Raft가 장착되어 있고, 비상구 주변에는 비상시 사용되는 비상장비들이 장착되어 있다.

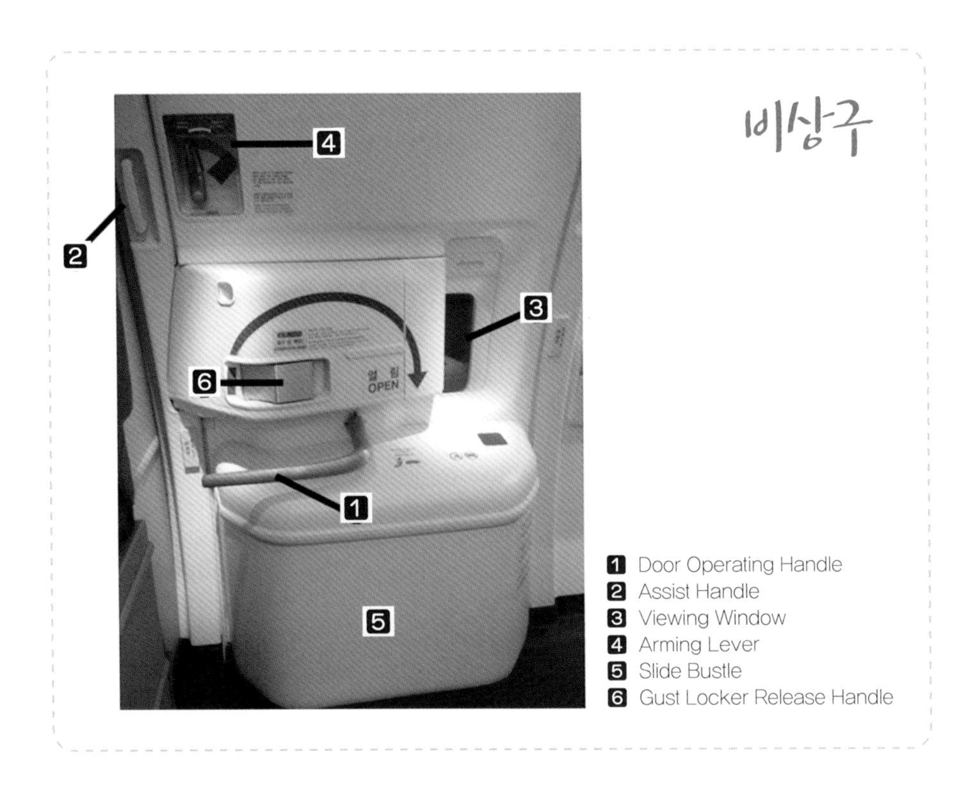

7. 벙크 *Bunk*

조종사 및 승무원들이 장거리 비행 중 휴식을 위하여 침대칸으로 만든 간이침대이다. 장거리 비행 시 승무원이 휴식을 취할 수 있도록 만들어진 공간이며 일반적으로 교대로 휴식을 취하게 된다. 기종에 따라 위치가 상이하나 747-400의 경우에는 항공기 후방꼬리 쪽의 2층에 위치하고 있다.

✓ 객실 Bunk

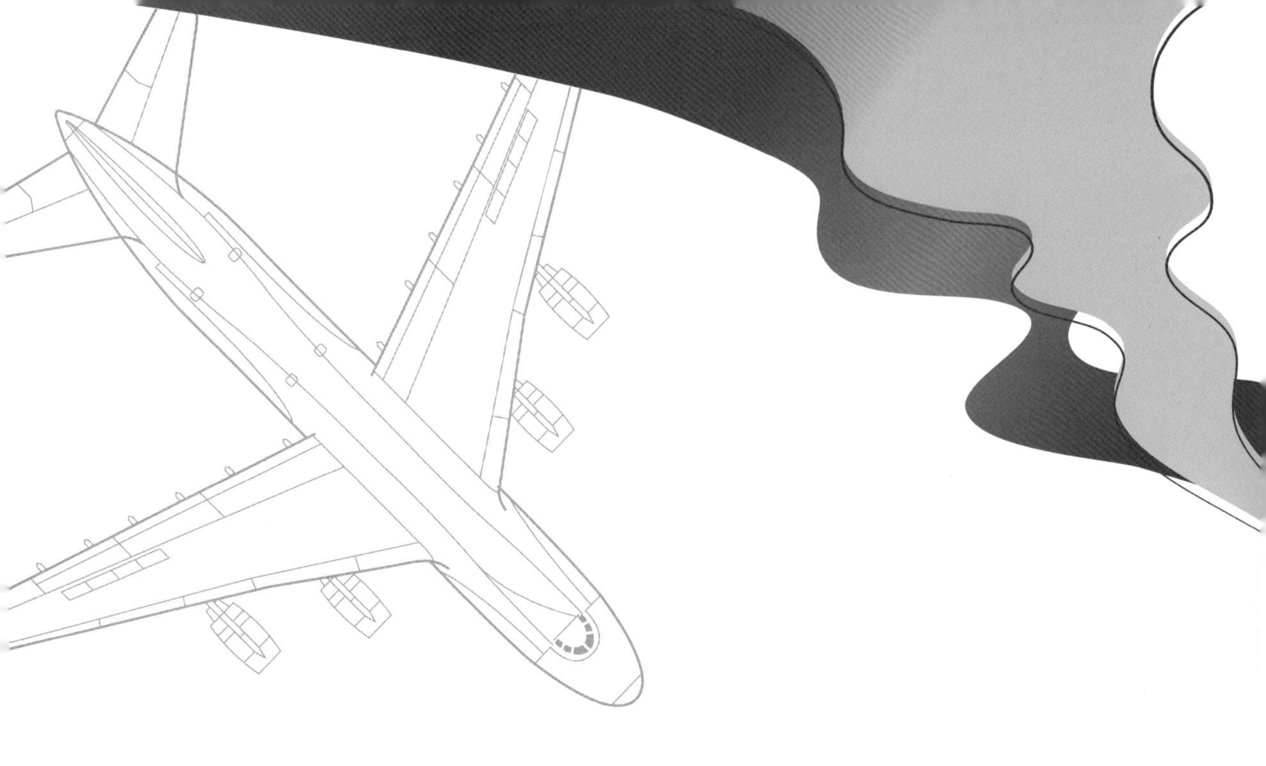

제 4 장
기내서비스

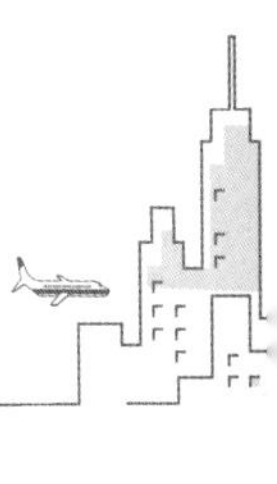

제 4 장 기내서비스

제 1 절 기내서비스의 개념 및 구분

1. 기내서비스의 개념

넓은 의미의 기내서비스는 승객들이 탑승하기 이전부터 기내 시설물이나 각종 용품의 설치 및 탑재와 관련된 여러 준비 과정업무를 포함하게 되지만, 좁은 의미의 기내서비스는 승객들이 항공기에 탑승하는 시점부터 목적지에서 안전하게 내리는 시점까지 객실승무원에 의해 객실에서 이루어지는 서비스로 정의할 수 있다.

항공산업의 발전과 생활수준의 향상으로 이용승객이 증가하고 승객의 계층이 다양화되면서 승객들의 욕구도 다양화되고 이에 따라 기내서비스의 품질 향상이 더욱 요구되고 있다. 이러한 기내서비스의 품질이 고객만족에 직접적으로 영향을 미치고 항공사의 차별화된 경쟁력으로 작용하게 되면서 항공사들은 기내서비스의 수준을 높이기 위해 다양한 노력을 하고 있다.

2. 기내서비스의 구분

기내서비스는 크게 물적 서비스와 인적 서비스로 구분된다. 물적 서비스란 승객이 객실 내에서 필요로 하는 각종 시설물과 서비스 물품을 기내에 장착 또는 탑재

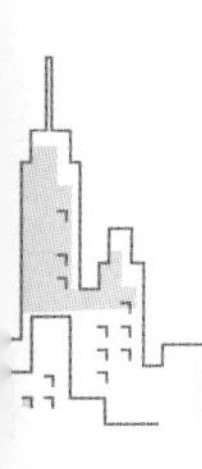

하여 승객에게 편의를 제공하는 업무를 말한다. 물적 서비스는 항공기, 좌석, 식음료, 독서물, 통신시설, 기내영화, 음악, 오락물 등을 말한다. 최근 항공사들은 차별화된 물적 서비스로 경쟁력을 확보하고, 고객을 유치하기 위하여 기내환경 개선, 기내 이색 오락 프로그램 개발 등 다양한 노력을 하고 있다.

한편 인적 서비스는 장착된 설비와 탑재된 물품을 사용하여 승객들이 보다 안전하고 편안하게 여행할 수 있도록 객실승무원들이 수행하는 여러 가지 서비스로 친절과 세심한 배려, 안전한 비행, 쾌적한 기내환경 유지 등을 말한다. 서비스품질은 기업의 서비스직원이 어떤 태도와 역량을 가지고 서비스를 제공하는지에 따라 많은 차이가 발생한다. 특히 항공기내에서 직접적으로 승객과 마주하는 승무원의 서비스는 승객이 지각하는 서비스품질에 많은 영향을 미치게 되고, 이는 곧 항공사의 이미지와 직결된다. 따라서 객실승무원들은 다양한 욕구를 가진 승객에게 적절한 서비스를 제공할 수 있는 서비스역량을 향상시키기 위하여 끊임없이 노력해야 한다. 다양한 국적의 승객과 유연하게 의사소통을 할 수 있는 외국어실력, 서비스맨에 적합한 표정과 자세, 항공여행과 관련한 다양한 정보 등을 갖추고 적극적으로 고객을 응대해야 한다.

제 2 절 기내서비스의 내용

1. 항공기 인테리어

항공기의 외형 디자인은 항공사의 이미지와 결부되는 항공사의 특색을 나타내는 부분으로 고객에게 시각적 서비스를 제공함으로써 항공사에 대한 인지와 관심을 높이는 마케팅의 중요한 요소가 된다. 대한항공은 창립 15주년을 기점으로 새로운 경영체제를 구축하고 새로운 도약을 위하여 항공사 마크와 명칭, 영문 로고타

입을 교체하였다.

대한항공 로고는 대한민국을 상징하는 태극무늬에 빨간색과 파란색 사이에 프로펠러 모양의 흰색을 넣어 '새롭게 변화하는 대한민국의 역동성'을 반영하였다. 로고와 함께 명칭은 기존의 'KOREAN AIRLINES'를 줄여 'KOREAN AIR'로 변경하고, 굵고 곧은 글자체를 사용하여 힘차고 강한 이미지를 나타내고자 하였다.

아시아나항공의 출범 당시 로고는 한국 전통의 색동과 양팔을 벌려 맞이하는 모습을 형상화하였다. 2006년 변경된 현재의 CI는 고객과 함께 아름다운 미래로 비상하는 아름다운 기업이 되겠다는 의지를 형상화한 것이다. 견고한 '正字' 형태의 로고 타입은 고객들에게 신뢰의 이미지를 형성하는 데 기반적 역할을 하고 있다.

일반적으로 항공기 외장은 항공사의 이름과 로고가 전부지만, 요즘에는 항공기 외장을 독특하게 꾸며 항공사 홍보효과와 승객들의 관심을 유발하는 마케팅 방법이 사용되고 있다. 아시아나항공은 2006년 독일 월드컵 응원을 위해 B747항공기 외장에 태극전사를 그려 넣고, 대한항공은 2002년 한일월드컵의 응원을 위해 B747-400 외장을 디자인함으로써 고객의 눈길을 끌었다.

2. 좌석

싱가포르항공 A330 비즈니스 클래스 좌석

항공기의 좌석은 항공사의 핵심제품으로 좌석 등급의 차별화, 좌석의 고급화 전략 등이 마케팅의 효과적인 수단으로 사용되고 있다. 영국의 British Airways는 이윤을 내지 못하는 국영항공사였으나 민영화를 한 후 수익률 제고를 위하여 많은 노력을 하였다. 비용절감과 함께 퍼스트 클래스는 부담스럽고 이코노미 클래스의 서비스는 부족하다고 느끼는 비즈니스맨들을 겨냥하여 비즈니스 클래스를 확대하였다. 좌석의 넓이를 퍼스트 클래스 수준으로 올리고 통로를 넓히는 등 비즈니스 클래스의 서비스 수준을 높여 수익성을 개선하였다.

항공사들은 고급화 전략에 맞춰 좌석의 폭을 넓히고, 일반석 전 좌석에 개인용 모니터를 설치하는 등 최대한 편안하고 즐거운 항공여행이 될 수 있도록 서비스 수준이 향상된 좌석을 제공하고 있다.

3. 기내 식음료서비스

기내 식음료서비스는 항공사 기내서비스의 주된 서비스로 항공사의 전체적인 이미지와 깊은 연관이 있고, 서비스의 질을 좌우하는 역할을 한다. 오늘날 승객들은 기내 식음료서비스를 기내에서 즐거움을 경험할 수 있는 수단으로 인식하고 있다. 이에 따라 항공사들은 고급화·차별화된 기내 식음료서비스를 제공하기 위해 노력하고 있다.

항공기의 식음료 서비스는 서양식을 기준으로 이루어진다. 식사 전 식전음료

(Aperitif) 서비스를 시작으로 식사와 함께 와인, 각종 음료서비스가 제공된다. 또한 종교, 건강상의 이유로 기내식이 기호에 맞지 않는 승객들을 위해 특별식(Special Meal)이 제공되기도 한다. 또한 영유아 등에게도 특별식이 제공된다.

최근 항공사에서는 차별화된 서비스를 제공하기 위해 각 나라 고유음식(대한민국 : 비빔밥, 쌈밥)을 기내식화하여 제공하기도 하고, 고급스러운 기내 식기, 노선에 따른 메뉴의 차별화, 최상위 Class에 부합하는 기내 식음료서비스를 제공한다. 또한 근래의 웰빙, 로하스 등의 스타일 변화에 맞추어 항공사들은 저칼로리 기내식, 웰빙 기내식 등을 선보이며 승객들의 기호 변화에 맞추어가고 있다.

▼ 대한항공 기내식

▼ 아시아나항공 기내식

▲ 싱가포르항공 기내식

▲ 에어프랑스 기내식

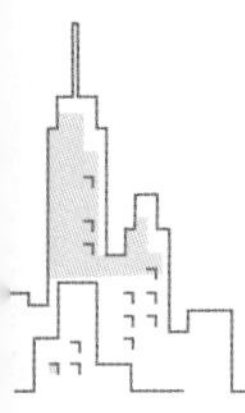

4. 엔터테인먼트 서비스

항공여행을 이동의 목적과 함께 새로운 서비스를 경험할 수 있는 기회로 생각하는 고객이 증가함에 따라 승객들의 항공사 선택에 있어 항공사가 제공하는 엔터테인먼트 서비스가 많은 비중을 차지하게 되었다. 따라서 항공사들은 비행시간 동안 지루함을 달래고 개인의 취향에 맞는 엔터테인먼트를 즐길 수 있는 여유를 제공하고 있다. 최근 항공기의 대형화·고급화 추세에 맞춰 항공사들은 전 Class 좌석에 개인용 모니터를 설치하고 다양한 엔터테인먼트 서비스를 제공하고 있다. 기내영화, 음악뿐만 아니라 인터넷, 전화, 오락기기 프로그램을 제공하고, 최신 항공기에는 샤워실, 카지노, 침실 등 승객들의 다양한 욕구를 충족시킬 수 있는 서비스를 시행하고 있다.

▼ A380 일등석

▼ 개인용 모니터

▲ A380 기내 바

▲ 진에어 기내오락 서비스

5. 면세품판매 서비스

대한항공 A380 기내면세품

국제선 항공편에서는 승객들의 편의를 위하여 술, 화장품, 담배, 향수, 액세서리, 전자제품, 가방 등의 제품을 면세가격으로 구입할 수 있는 면세품 판매 서비스를 실시하고 있다. 기내에서 좌석 앞주머니 속의 면세품 안내책자를 보고 주문할 수 있고, 탑승할 비행편수에 예약 주문하여 구입할 수도 있다. 지불은 신용카드, 항공사 국적 화폐, 달러, 엔화, 유로화 등이 통용된다.

6. 출입국서류 서비스

항공기는 국가와 국가를 이동하는 수단으로 가장 많이 이용되고 있다. 이로 인해 각국 입국에 필요한 서류, 세관신고에 대한 의무 및 규정에 대하여 객실승무원들은 탑승객들에게 고지하여야 한다. 또한 입국 및 출국에 필요한 서류를 제공하여야 한다.

항공사들은 승객들의 편의를 위해 이륙 후 출입국서류를 필기구와 함께 서비스하고, 착륙 전 다시 한 번 서류 작성여부를 확인한다.

국가별 면세협정이 맺어진 국가의 국민은 다른 서류를 쓰거나 쓰지 않는 경우도 있고, 거주자 및 시민권자는 쓰지 않는 서류도 있으므로 승객 한 명 한 명에게 정확한 서류작성법 서비스를 제공하여야 한다.

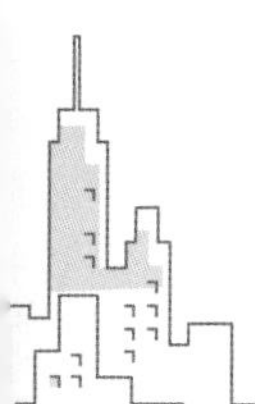

7. 기타 서비스

1) 장애인, 노약자, 비동반 소아 서비스

보호자를 동반하지 않은 비동반 소아(UM : Unaccompanied Minor) 서비스가 제공된다. 만 5~13세 미만의 보호자를 동행하지 않은 비동반 소아를 출발지 공항에서부터 도착지까지 보호자에게 안전하게 인도하는 여행을 제공하는 서비스이다. 또한 노약자 및 장애인에게도 이와 같은 서비스가 제공된다. 수속 카운터에서부터 전담 직원의 동행하에 수속이 이루어지며, 기내 탑승 후 휠체어가 필요한 승객에게는 기내휠체어가 제공되며, Blind 승객에게는 점자로 된 책자가 제공된다. 또한 통로 쪽 좌석을 배정하여 승객에게 불편함이 없도록 하며 비상탈출 시 원활한 탈출이 이루어질 수 있도록 한다.

대한항공 플라잉맘 서비스

아시아나항공 프리맘 서비스

2) 독서물 서비스

항공기 기내에서는 신문 및 월간지, 주간지 등의 독서물을 제공하고 있다. 좌석 앞주머니에는 항공사 기내지 및 엔터테인먼트 소개책자, 면세품 안내책자가 준비되어 있고, 객실 중간중간의 잡지코너에는 신문, 월간지, 주간지(영어, 자국어) 등이 준비되어 있다. 신문의 경우 출발국의 신문과 항공사 국적의 신문이 탑재된다.

대한항공 기내지　　아시아나항공 기내지　　이스타항공 기내지

3) 기내 이색 오락 프로그램

각 항공사들은 보편적으로 제공되는 엔터테인먼트 서비스 외에 매직서비스, 세계 각국의 의상을 보여주는 패션쇼, 승무원들이 승객에게 메이크업을 해주는 차밍서비스 등 인적 서비스를 가미한 새로운 엔터테인먼트 서비스를 개발하고 있다. 또한 특정일(어린이날, 크리스마스 등)을 위한 다양한 이벤트를 제공하여 승객에게 색다른 항공여행의 즐거움을 선사하고 있다.

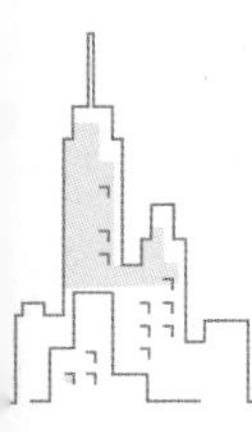

▲ 제주항공 우쿨렐레 연주 이벤트

▲ 세부 퍼시픽항공 FUN GAME 이벤트

제 3 절 비행안전 서비스

항공사 객실승무원의 가장 근본적인 서비스는 승객이 탑승하여 목적지까지 안전하게 여행할 수 있도록 비행안전과 비상시 탈출임무를 수행하는 것이다. 이러한 임무를 수행하기 위하여 승무원들은 승객 탑승 전 항공기 비상장비와 설비를 철저히 점검해야 한다. 비행안전 서비스를 위하여 점검해야 할 품목은 객실 일반장비 및 비상 탈출장비, 객실 화재장비, 객실 의료장비, 객실 보안장비로 구분할 수 있다.

1. 객실 일반장비 및 비상 탈출장비

1) Life Vest(구명복)

구명복은 비상 착수 시 익사 방지와 체온 저하를 막아 몸을 안전하게 보호해 주는 중요한 장비이다. 만약의 사태에 대비하여 승무원들은 구명복의 위치와 사용법에 대하여 이륙 전 Video 또는 시범을 통해 승객에게 설명해야 한다.

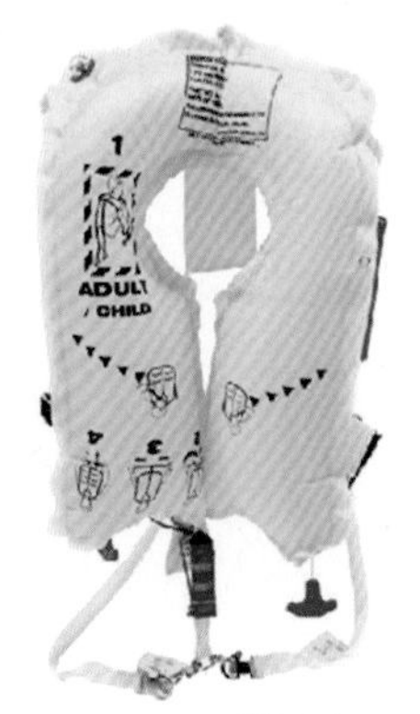

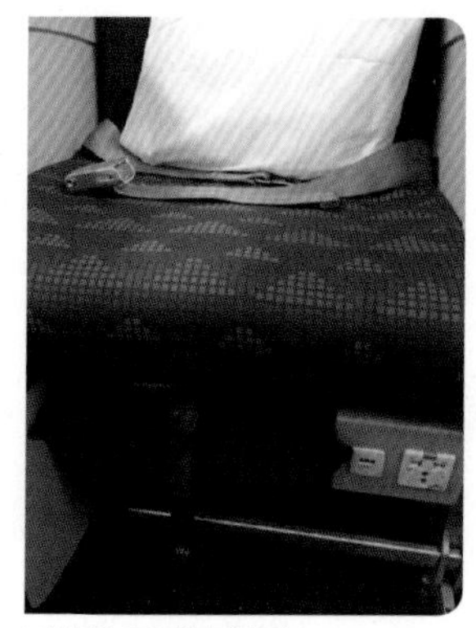

Life Vest　　비상용 구명복 위치

2) Escape Door Slide 및 Life Raft

비상착륙 시 신속하게 탈출하는 데 사용하는 Escape Slide는 항공기의 Door 하단 내부에 장착되어 있으며, Life Raft는 출입구 상단 Ceiling에 별도로 장착되어 있다. 최근 대부분의 신기종에는 Slide/Raft 겸용으로 사용할 수 있도록 제작·장착되어 있다.

Life Raft 하단에는 구조되는 기간을 감안하여 각종의 부속장비가 장착되어 있다. Raft를 설치·유지하는 데 필요한 설치용 장비, 구조대에게 신호를 보낼 신호용 장비, 구조될 때까지 필요한 생존장비가 있다.

✓ Escape Slide

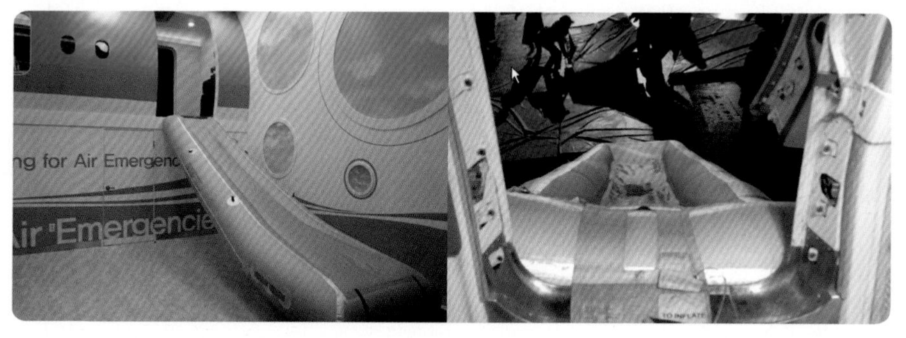

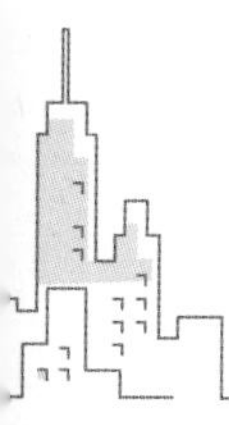

3) Flash Light

비상 상황 시 시야를 확보하고 승객을 유도하며 신호를 보내기 위한 장비로 승무원 좌석에 비치되어 있다.

Automatic Type Flash Light

4) Emergency Locator Transmitter(ELT)

비상탈출 후 구조를 요청하기 위한 장비로 해상과 육상에서 모두 사용 가능하며 비상주파수로 전파를 발생시켜 조난의 위치를 알려준다.

5) Public Address(P.A)

승무원 상호 커뮤니케이션을 위한 장비로 기내통화와 기내방송이 가능하고 각각 독립적으로 병행하여 사용할 수 있다. 전화기 모양으로 조종석, 승무원의 좌석, Galley, Bunk 등에 비치되어 있다.

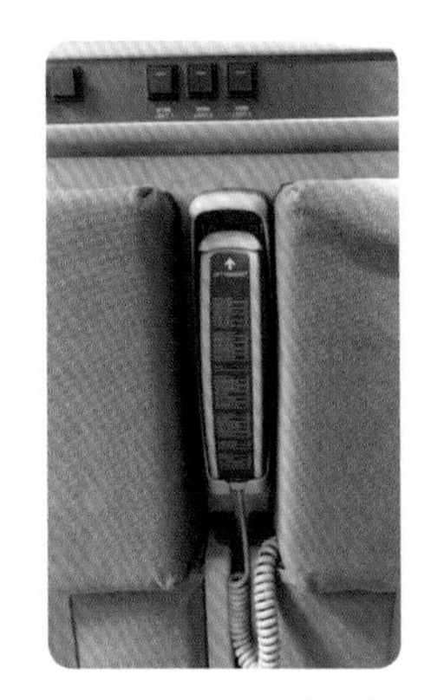
Public Address(P.A)

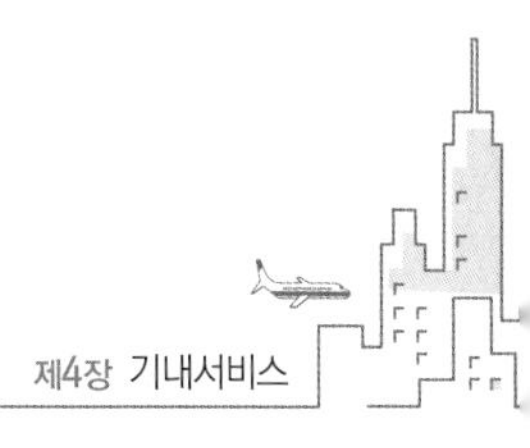

P.A의 Priority

- 1순위 : Cockpit
- 2순위 : Attendant Sation
- 3순위 : Pre-recorded Announcement
- 4순위 : Video System Audio
- 5순위 : Board Music

6) Megaphone

비상탈출 시 탈출 지휘를 하거나 비상탈출 명령 등의 정보를 제공하는 장비이다.

2. 객실 화재장비

1) 소화기

비상시 화재발생이나 대비를 위한 장비로, 화재상황에 맞는 각종 소화기가 장착되어 있어 상황에 맞게 사용할 수 있다.

(1) H_2O 소화기

의류, 종이, 섬유 등에서 발생하는 일반화재에 맞는 물소화기로, Halon 소화기 사용 후 재발을 막기 위해 사용하기도 한다.

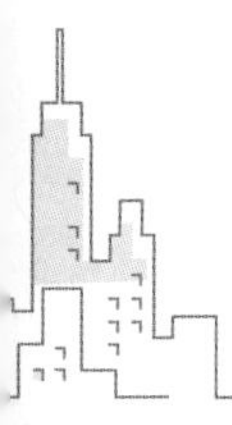

(2) Halon 소화기

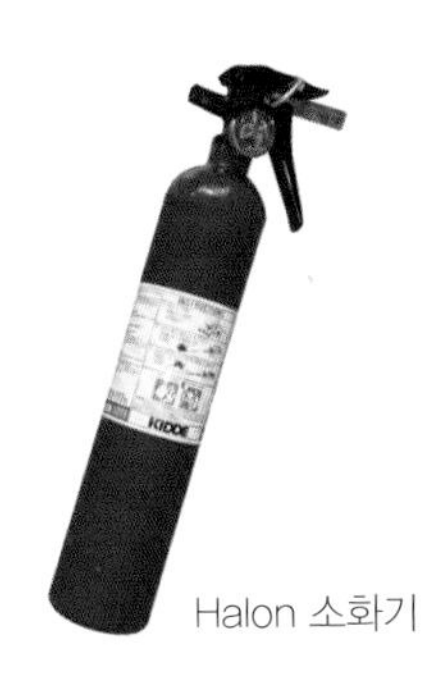

Halon 소화기

기름, 전기, 전자, 화학약품 등 모든 화재에 사용 가능한 소화기이다.

(3) 열감지용 소화기

화재 발생 시 자동적으로 진화할 수 있는 소화기로 화장실 내 휴지통 내부에 설치되어 있다.

2) Protective Breathing Equipment(PBE)

기내 화재 진압 시 연기 및 유독가스로부터 시야를 확보하고 원활한 호흡을 위해 사용하는 장비이며, 착용한 채로 승무원 상호 간 의사소통도 가능하다. 하지만 사용 후 두통을 동반할 수 있다. 소방관들이 쓰는 안면보호장비와 유사하다. 사용 가능 시간은 약 15분이다.

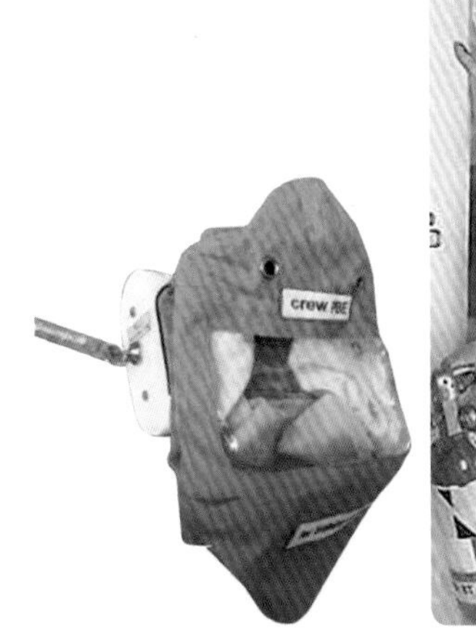

3) Circuit Breaker

Galley 내에 장착되어 있는 Circuit Breaker는 Coffee Maker나 Oven 등 각종 전기시설 장비에 과부하 현상이 발생하면 전원공급을 차단시키는 역할을 한다.

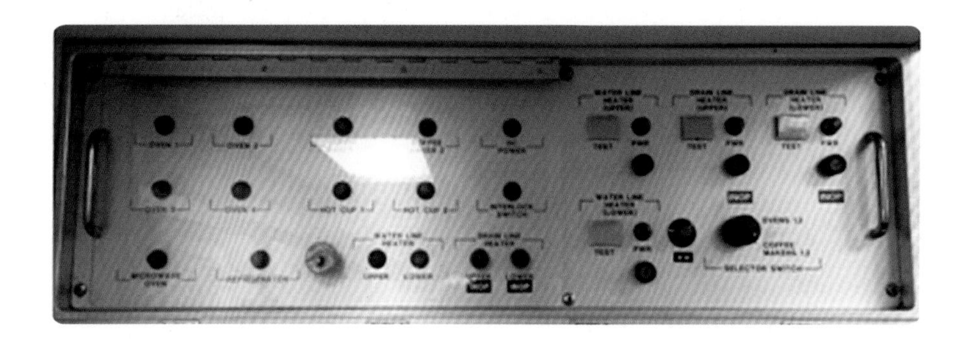

4) Smoke Detector

모든 항공기에서는 금연으로 규정되어 있으나 항공기의 화장실에서는 흡연하는 사례가 종종 발생한다. 화장실 및 Crew Bunk에 기내 화재방지를 위해 설치되어 있고, 연기 감지 시 Alarm이 발생하게 되고, Alarm Indicator Light(Red)가 점등된다.

Smoke Detector

5) 방화복

화객 혼용기인 콤비에는 화재진압 시 필요한 방한복이 두 벌 탑재된다. 화물칸의 화재 발생 시 화물칸으로 이동하여 소화작업을 한다.

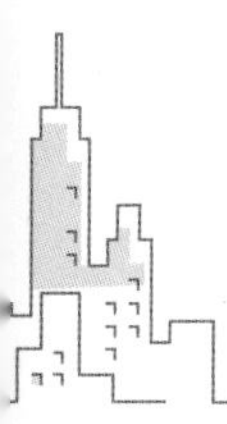

6) 손도끼, 석면장갑, Smoke Goggle, Smoke Barrier 등

손도끼

Smoke Goggle

3. 객실 의료장비

1) Portable Oxygen Bottle(PO_2BTL)

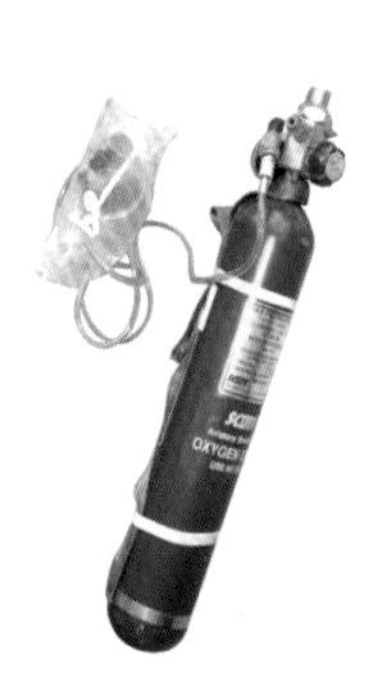

휴대용 산소통으로 감압의 상황에서 승객의 안전상태를 확인하거나 환자의 응급처치를 목적으로 산소를 공급한다.

2) Medical Bag

비행 중 사용빈도가 높은 일반 의약품으로, 승객의 요청이 있을 경우 신속하게 제공하기 위해 지정된 승무원은 항상 Meical Bag을 휴대하여야 한다. 제공하기 전에 투약 시 부작용 등에 대하여 승객에게 반드시 확인해야 한다. 주로 해열제와 소화제, 멀미약, 화상연고, 일회용 밴드, 지사제 등으로 구성되어 있으며 지급받은 승무원은 비행 전 수량과 유효기간을 확인한 후 비행에 임해야 한다.

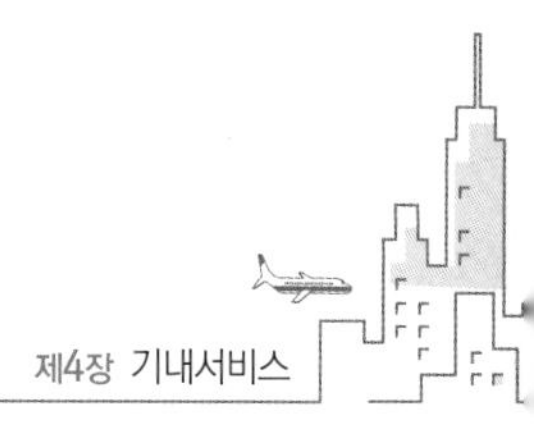

3) First Aid Kit(FAK)

비행 중 응급상황에 처한 승객을 응급처치하기 위하여 탑재되는 의료장비이다. 「항공법」에 의해 반드시 탑재하도록 규정하고 있으며, 일부 의약품을 제외하고는 의사 처방 없이 사용 가능하다. Medical Bag과 동일하게 해열제와 화상연고가 있으며 골절 시 사용 가능한 부목과 삼각건, 압박붕대, 승객 기절 시 사용 가능한 암모니아 흡입제 등이 포함되어 있다.

주의사항은 반드시 사용 전 기장에게 보고해야 하며 중 · 대형기에는 5개, 소형기에는 4개가 탑재된다.

4) Emergency Medical Kit(EMK)

비행 중 응급환자의 발생 시 의사 면허를 소지한 자가 전문적인 치료를 할 수 있는 의료품과 의료기구들을 보관한 의료장비이다. 대형기종의 경우 2개가 탑재되며 소형기의 경우에는 1개가 탑재된다.

✓ EMK의 내용물

의료장비	의약품
1. 외과용 소독장갑	1. 심혈관 확장제
2. 혈압계와 청진기	2. 진통제와 이뇨제
3. 지혈용 붕대	3. 항알러지제와 안정제
4. 일회용 주사기와 메스	4. 주사용 기관지 확장제

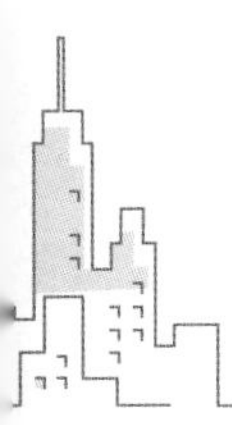

5) Automated External Defibrillator(AED)

비행 중 심실세동으로 인한 심장박동 환자 발생 시 신속하게 제세동을 시행해 심장의 리듬을 정상화할 수 있는 의료장비다. 이미 선진국에서는 구급차는 물론 사람들이 많이 모이는 공공 장소 등에 AED 설치를 의무화하는 추세이며, 각 항공사들도 응급환자 발생 시 심폐소생을 위해 응급처지장비를 항공기에 탑재하고 있다. 다만 이 장비는 8세 미만의 소아에게는 사용하지 않는 것을 원칙으로 하고 있으며 반드시 교육받은 자만이 사용 가능하도록 규정하고 있다. 또한 사용 시 주변에 산소가 있으면 치워야 하며 반드시 금연상태를 유지하여야 한다.

6) Resuscitator Bag

인공호흡 시 환자와의 직접적인 접촉으로 인해 발생할 수 있는 질병을 예방하고 심폐소생술 시 사용하는 보조기구로서 환자의 호흡을 유도하고 산소를 공급하기 위해 사용된다. 위생상 1인에게만 사용 가능하다. EMK의 손잡이 부분에 묶여 탑재되며 청진기, 체온계, 혈압계, 얼음주머니 등이 포함되어 있다.

7) Wheelchair

기내의 좁은 통로에서 사용할 수 있는 접이식 Wheelchair가 탑재되어 있다. 기내에서 용이하게 이동하기 위하여 작고 가볍게 제작되어 있다.

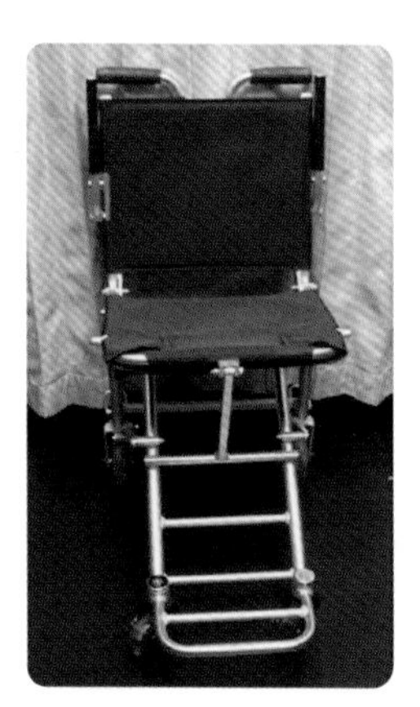

4. 객실 보안장비

1) 보안장비

항공기 안전운항에 위해가 되는 상황에 대비할 수 있는 장비 및 시스템으로, 대부분의 항공기에는 전자충격총(Taser), 방폭담요, 방탄조끼, 타이랩(Tie Wrap), 포승줄, 비상벨 등이 구비·장착되어 있다.

2) 조종실 Door

조종실은 안전한 비행을 위해 객실로부터 통제 및 관리되어야 한다. 항공기 조종실 Door는 방탄문으로 되어 있고, 조종실 안에서 출입문 근처를 볼 수 있는 조망경이 설치되어 있다. 조종실은 규정에 의한 조종실 출입절차를 통해 출입할 수 있고, 출입문에 비밀번호를 입력해야 출입이 가능하도록 Pad Lock 잠금장치가 장착되어 있다.

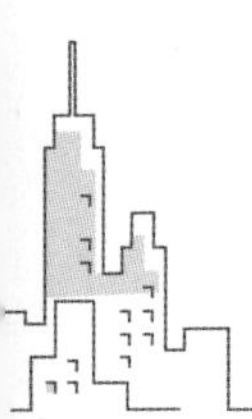

제5장 기내 식음료서비스

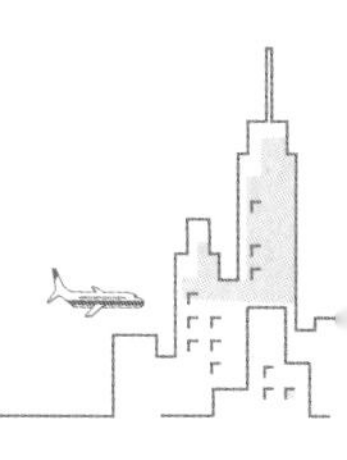

제5장 기내 식음료서비스

제1절 서양 식음료

1. 서양식의 특성

서양식은 일반적으로 한상차림인 한식과는 달리 Course별로 식단이 짜여서 제공된다. Course별 식사의 양은 Light–Heavy–Light로 구성되어 있으며 식사의 맛 또한 식욕을 촉진시킬 수 있는 Dry한 맛에서 소화를 도와주는 Sweet한 맛의 순서로 구성되어 있다. 서양요리에 있어서는 프랑스 요리가 세계적으로 가장 유명하며, 그 전통성으로 인하여 진가를 인정받고 있다.

2. 서양식 메뉴의 이해

서양식 메뉴에는 크게 타블도트(정식 메뉴)와 아라카르트(일품요리)가 있다. 타블도트(Table d'hote)는 흔히 정식 풀코스라 부르는 것으로 통상 '식전주–전채–수프–생선요리–고기요리–샐러드–(치즈)–디저트–음료' 순서로 제공된다.

아라카르트(à la carte)는 원하는 것을 골라 먹는 것으로 보통 '전채요리 또는 수프–생선 또는 고기요리–샐러드–디저트–음료' 순으로 시킨다. 양이 부담스러울 때에는 생선이나 고기요리 중 한 가지만 선택한다.

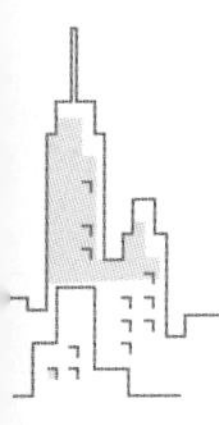

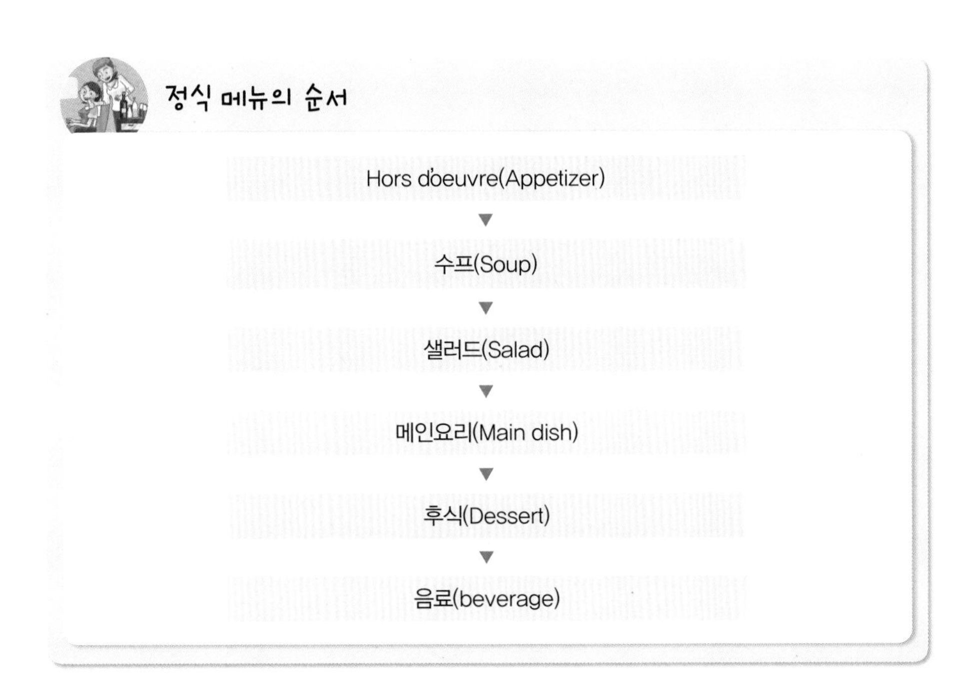

1) 전채요리(Appetizer)

전채요리는 식욕을 촉진시키기 위해 식사 전에 가볍게 먹는 요리를 말한다. 전채요리에는 차가운 것과 따뜻한 것이 있다. 차가운 전채요리는 캐비아(Caviar), 생야채(Vegetable), 푸아그라(Foie Gras), 생굴(Oyster), 카나페(Canape) 등이 있다. 따뜻한 전채요리에는 달팽이(Escargot), 이탈리아식 만두(Ravioli), 송로버섯(Truffle) 등이 있다.

캐비아 (Caviar)	소금에 절인 철갑상어알을 말한다. 토스트 위에 얹어 먹거나 계란, 오이에 얹어 먹기도 한다. 카나페에도 쓰인다.
생야채 (Vegetable)	손가락 크기로 생야채를 잘라 차게 해서 소스와 함께 나온다.
푸아그라 (Foie Gras)	푸아그라는 프랑스어로 '살찐 간(fat liver)'이라는 뜻이다. 소금으로 간하여 버터에 살짝 굽는다.
생굴 (Oyster)	레몬을 끼얹어 먹는다.
카나페 (Canape)	빵에 버터를 바르고 그 위에 새우나 게살치즈 등 여러 가지 재료를 얹어 한입에 먹기 좋게 잘라놓는다.
달팽이 (Escargot)	버터와 마늘, 향료를 넣어서 구워낸다. 먹을 때에는 에스카르고용 포크를 사용한다.
이탈리아식 만두 (Ravioli)	밀가루를 반죽하여 얇게 편 다음 잘게 썬 고기와 야채 따위를 싸서 익혀 먹는다.
송로버섯 (Truffle)	세계 3대 식재료 중 하나인 송로버섯(Truffle)은 한국의 산삼과 비교될 정도로 그 맛과 진귀함이 뛰어나며 프랑스의 3대 진미를 꼽을 때도 푸아그라나 달팽이요리에 앞설 정도로 귀한 대접을 받는다. 트러플은 강하면서도 독특한 향을 가지고 있어 소량만으로도 음식 전체의 맛을 좌우한다. 인공재배가 전혀 되지 않고 땅속에서 자라기 때문에 채취하기도 어렵다. 때문에 유럽에서는 '땅속의 다이아몬드'라 불리기도 한다.

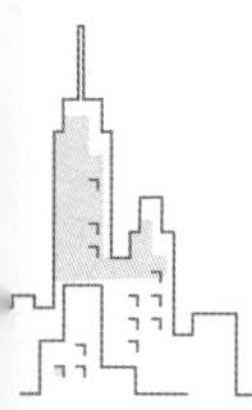

2) 빵(Bread)

혀에 남아 있는 음식의 맛을 씻어줌으로써 Course별로 서비스되는 음식 고유의 맛을 즐길 수 있게 해주는 역할을 한다. 식사 코스 시작부터 Dessert Course까지 계속 제공된다.

Breakfast Bread로는 Danish Roll, Muffin, Croissant, Soft Roll 등이 있으며 Dinner Bread로는 Hard Roll, Garlic Bread, Rye Bread, Baguette 등이 있다.

3) 수프(Soup)

수프는 진한 수프인 포타주(Potage)와 맑은 수프인 콩소메(Consomme)가 있다. 진한 수프에는 담백한 요리가, 콩소메에는 진한 맛의 메뉴가 어울리며 코스가 많은 정찬요리에 적합하다. 뜨거운 수프가 나왔을 경우 우선 스푼으로 조금 떠서 맛을 본 후, 스푼으로 저어서 식히도록 한다. 입으로 후후 불어가며 식혀 먹는 것은 좋지 않으며, 차를 마시듯 소리를 내어 먹는 것도 옳지 않다. 아울러 스푼으로 뜬 수프를 한입에 먹지 않고 스푼 위에서 나눠 먹는 것도 자제해야 한다. 손잡이가 달려 있는 그릇에 담긴 수프는 손으로 그릇을 들고 마셔도 실례가 되지 않는다.

4) 샐러드(Salad)

고기와 야채는 맛에서도 조화를 이루지만, 고기는 산성이 강한 식품이므로 샐러드를 먹는 것은 알칼리성이 강한 생야채를 먹음으로써 중화시킬 수 있다는 영양학적 의미를 가진다. 대개 고기요리를 전부 먹고 난 후에 샐러드를 먹기도 하는데 고기와 샐러드는 번갈아 먹는 것이 더욱 효과적이다. 영미인들은 샐러드를 고기요리와 같이 먹거나 그 전에 먹는 반면, 프랑스 사람들은 고기요리가 끝난 다음에 먹는 습관이 있다고 한다. 샐러드에 사용되는 소스를 특별히 드레싱(Dressing)이라고 하는데, 소스가 뿌려진 모습이 마치 여성들의 드레스 입은 모습과 같다고 해서 생겨난 말로 전해진다. 드레싱류는 크게 프렌치 드레싱류와 마요네즈 소스류로 구분된다.

5) 생선 요리

생선요리는 뒤집어 먹지 않는다. 통째로 요리된 생선이라면 머리, 몸통, 꼬리를 나이프로 자른 후 지느러미 부분을 발라낸다. 그러고 나서 역시 나이프를 사용하여 뼈를 따라 왼쪽에서 오른쪽으로 위쪽의 살과 뼈를 발라놓은 다음, 생선의 살만을 앞쪽에 놓고 왼쪽에서부터 먹을 만큼 잘라가며 먹는다. 위쪽을 다 먹은 다음에는 뒤집지 말고 그 상태에서 다시 나이프를 뼈와 아래쪽의 살부분 사이에 넣어 살

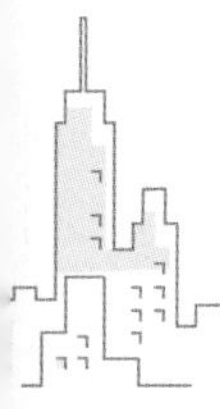

과 뼈를 발라놓는다. 그러고 나서 남은 생선의 살을 조금씩 잘라가며 먹는다. 그러나 생선요리는 대체로 살이 무른 편이므로 살을 떼어낼 때 이외에는 포크만을 사용해도 괜찮다.

요리에 나오는 소스는 무조건 뿌리지 않는다. 생선요리에 곁들여진 마요네즈, 타르타르 소스 같은 진한 소스는 접시 한쪽에 덜어놓고 조금씩 찍어 먹도록 하는데, 이는 진한 소스의 강한 맛이 요리 본래의 맛을 잃게 할 수도 있기 때문이다.

6) 육류요리

스테이크의 경우 굽는 정도에 따라 맛이 달라진다. 그러므로 스테이크를 주문할 때는 취향대로 부탁을 한다. 스테이크의 참맛은 붉은 육즙에 있으므로 대개 적게 구울수록 고기의 참맛을 즐길 수 있다.

고기요리는 한번에 썰어놓고 먹기보다는 잘라가며 먹는 것이 예의이다. 뼈가 있는 고기인 경우 뼈에서 떼어내기 어려운 부분은 고기가 남아 있더라도 그대로 남겨두는 편이 좋다. 고기 위에 뿌려진 것 같은 묽은 소스는 요리에 직접 얹어 먹도록 한다. 전통적으로 고기요리는 육류의 종류에 따라 그 맛과 향을 더해 줄 수 있는 소스와 어울리는데, 오리고기에는 오렌지 소스, 돼지고기에는 파인애플 소스, 양고기에는 민트 소스 등이 궁합이 잘 맞는 고기요리와 소스이다.

스테이크의 굽기 정도

- **레어(Rare)** : 약간 구운 것. 표면만 구워 중간은 붉은 날고기 상태 그대로이다.
- **미디엄 레어(Medium Rare)** : 좀 더 구운 것. 중심부가 핑크인 부분과 붉은 부분이 섞여 있는 상태이다.
- **미디엄(Medium)** : 중간 정도 구운 것. 중심부가 모두 핑크빛을 띠는 정도이다.
- **미디엄 웰던(Medium Welldone)** : 표면에 갈색과 핑크색이 섞여 있고, 육즙이 조금 있고 단단하게 탄력이 느껴진다.
- **웰던(Welldone)** : 완전히 구운 것. 표면이 완전히 구워지고 중심부도 충분히 구워져 갈색을 띤 상태이다.

7) 후식(Dessert)

서양요리의 디저트는 후식과 간식을 겸하며 과자나 케이크, 과일 등이 나온다. 서양요리에서는 설탕을 거의 사용하지 않으며 전분도 적게 사용하므로 식후의 디저트는 달콤하고 부드러운 것이 일반적이다. 디너의 따뜻한 디저트로는 푸딩, 크림이나 과일을 이용한 과자, 파이 등이 있고, 차가운 디저트로는 아이스크림과 셔벗이 있다.

수분이 많은 과일은 스푼으로 먹는다. 수분이 많은 멜론이나 오렌지류는 스푼으

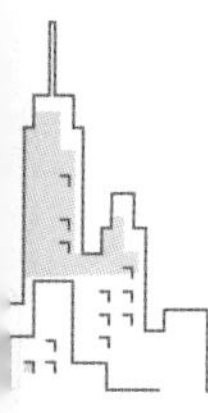

로 먹는다. 통째로 제공된 작은 멜론은 왼손으로 껍질을 잡고 오른손의 스푼으로 오른쪽부터 떠먹는다. 수박이나 파파야 등도 이와 같은 방식으로 먹는데 씨는 입 속에서 발라내어 스푼에 뱉어 접시에 놓는 것이 예의이다. 포도는 손으로 먹어도 상관없으나, 딸기는 한 알씩 스푼으로 먹도록 한다.

식후의 커피는 조금 진한 것으로 조금 마시는 것이 좋다. 커피는 향이나 마시는 법이 독특한 여러 종류가 있는데 그중 커피에 위스키를 넣고 생크림을 얹어 마시는 아이리시 커피나 코냑과 오렌지향을 가미해 마시는 카페로얄은 식후주와 커피를 동시에 즐길 수 있는 묘미가 있다. 설탕은 넣자마자 녹이지 말고 천천히 녹여 처음에는 쓴맛을, 나중에는 달콤한 맛을 즐기도록 한다. 티백을 이용해 녹차나 홍차를 마실 경우에는 어느 정도 우러나온 티백을 손으로 컵에 대고 눌러 짜지 말고, 티백을 컵의 뒤쪽에 가로로 놓는 것이 깔끔하고 세련된 매너이다.

3. 서양 음료의 이해

음료란 인간이 마실 수 있는 모든 액체를 말하며 일반적으로 알코올 함유 유무에 따라 Alcoholic Beverage와 Non Alcoholic Beverage로 분류할 수 있다. Alcoholic Beverage란 알코올을 함유한 음료를 말하며, 우리가 술이라고 부르는 종류의 음료가 모두 포함된다. Non Alcoholic Beverage는 「양조법」에 따라 양조주(Fermented Liquor), 증류주(Distilled Liquor), 혼성주(Compounded Liquor)로 분류된다. 또한 Alcoholic Beverage는 마시는 시점에 따라 식욕을 돋우기 위해 마시는 식전주(Aperitif), 식사와 함께 곁들이는 식중주, 식후 소화를 돕기 위해 마시는 식후주로 구분된다. 식후주로는 감미로운 Liqueur, Brandy 등을 주로 마신다.

양조법에 따른 분류

- **양조주(Fermented Liquor)** : 곡물이나 과일의 당분을 발효시켜 여과한 술(Wine, Beer, 막걸리, 청주 등)
- **증류주(Distilled Liquor)** : 양조주를 증류하여 알코올 농도를 진하게 만든 술(Whisky, Vodka, Brandy, 고량주 등)
- **혼성주(Compounded Liquor)** : 증류주에 다른 종류의 술을 혼합하거나 약초, 식물의 뿌리, 열매과즙, 색소, 향 등을 첨가하여 만든 술(Liqueur, Gin 등)

1) Wine

(1) Wine의 특성

- 천연 발효주 : Wine은 넓은 의미로 과일의 천연 주스를 발효한 발효주를 의미하는데, 일반적으로 포도로 만든 것을 말하며 Bottling 후에도 발효가 계속된다.
- 알칼리성 건강음료 : 산성식품을 중화시키는 역할을 하여 산성식품인 육식을 주로 하는 서양인들의 식탁에 빠져서는 안될 중요한 존재로 여겨지고 있다.
- 포도 수확연도에 따라 향취와 맛의 차이가 난다.
- 요리와 조화를 이루는 식중주로 적합하다.

(2) Wine의 분류

▶ 색에 따른 분류

- Red wine : 적포도의 껍질에서 색소를 착색시켜 만든다.

Red Wine

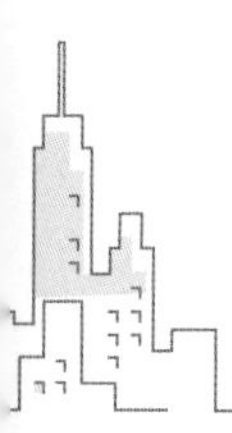

- White wine : 청포도나 적포도를 사용하며, 착색되지 않도록 껍질을 제거하여 만든다.

White Wine

- Rosé(Pink) wine : 적포도의 껍질에서 색소가 적당히 착색되었을 때 껍질을 분리해서 만든다.

Rosé Wine

▶ 당도에 따른 분류

- Dry wine : 양조 시 당분이 남아 있지 않도록 완전히 발효시켜 만든다.
- Sweet wine : 양조 시 당분이 적당히 남아 있을 때 발효를 중지시킨다.

▶ 생산지에 따른 분류

- 프랑스 Wine : Bordeaux(보르도)
  세계 최대 규모의 고품질 Wine 생산지로 세계 제일의 Red wine으로 인정받는다.
- 프랑스 Wine : Burgundy(버건디)
  보르도 지방과 함께 프랑스 Wine의 대표적 명산지로 알려져 있으며, 특히 샤블리(Chablis) 지방은 White wine이 매우 유명하다.

- Champagne(샹파뉴) : 발포성 wine(Champagne)의 생산지로 유명하다.
- Alsace(알자스) : Dry한 White wine의 생산지로 유명하다.
- 미국 : California wine이 유명하다.
- 이태리 : Chianti(키안티) wine이 유명하다.
- 독일 : Rheine(라인), Mosel(모젤) wine이 유명하다.
- 스페인 : Sherry wine이 유명하다.
- 포르투갈 : Port wine이 유명하다.

▶ 제조법에 따른 분류

- Still wine(Table wine)
  발효 시 발생되는 탄산가스를 제거시켜 만드는 비발포성 wine으로 보통 식탁에 올려지는 일반 wine
- Sparkling wine(발포성 와인)
  발효 시 발생되는 탄산가스를 그대로 함유시킨 것으로 보통 Champagne이라고 한다.
- Fortified wine(강화와인)
  와인을 제조하는 과정에서 Brandy 등을 첨가하여 알코올 도수를 높인 것으로 스페인 Sherry, 포르투갈 Port wine 등이 있다.
- Aromatized wine(방향와인)
  독특한 향신료, 약초 등을 첨가해 향미를 좋게 한 것으로 프랑스의 Dry vermouth, 이탈리아의 Sweet vermouth 등이 있다.

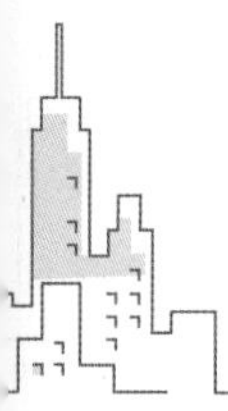

(3) 기타 Wine 지식

▶ Wine Breathing

Wine은 제조과정 중 오랜 숙성기간을 거치면서 병 속에 거친 맛을 가지게 된다. 따라서 Wine을 마시기 전에 Wine 병을 미리 Open하여 Wine이 숨을 쉬게 해주어야 한다. Wine은 공기 중의 산소와 접촉하여 향미가 되살아나고 맛이 순화된다. 이를 Wine breathing이라 한다.

▶ Wine의 보관

Wine병은 반드시 눕혀서 보관한다. 공기와 접촉한 wine은 점점 산화하여 부패하게 된다. Wine병을 눕혀두면 Cork가 마르지 않고 촉촉히 젖어 있어서 외부의 공기가 병 속에 침입하는 것을 막을 수 있다.

▶ Wine의 온도

Wine은 독특한 풍미를 갖고 있으므로 그것을 잘 살려주는 온도에서 보다 좋은 wine의 맛을 느낄 수 있다. White wine은 6~12도 정도로 조금 차게 마시는 것이 좋으며, Red wine은 15~20도 정도의 실온으로 마시는 것이 좋다. 따라서 White wine은 기내서비스 전, 얼음으로 충분히 Chilling하여 서비스해야 한다.

▶ Wine Tasting

좋은 Wine을 결정짓는 요소는 특유의 맛과 향이다. 따라서 Wine을 마시기 전, 맛과 향을 시음하는 절차를 거치는데, 이를 Wine tasting이라고 한다. 즉 Wine을 마시기 전 잔을 들어 빛깔과 투명도(Appearance)를 감상하고, 잔

을 흔들어 향기(Bouquet)를 맡은 다음 한 모금(Taste)을 삼켜 입안에서 굴린 다음 삼킨다.

▶ Wine Tasting 권유 요령

- 선택한 Wine의 Label을 보여드린다.
- Glass의 1/3까지 따라 시음을 유도한다.
- 만족 여부를 확인한 후 Glass의 2/3까지 따른다.

2) Whiskey

곡물(옥수수, 호밀, 보리, 밀) 등을 발효시켜 증류한 것을 Oak 통 속에 2년 이상 저장 숙성시킨 것으로 대표적인 증류주이다.

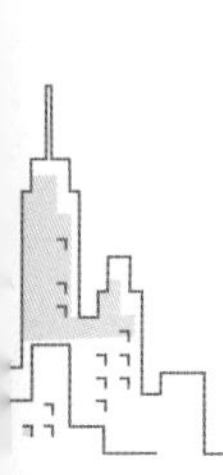

(1) Scotch Whiskey

Scotland에서 제조되는 Whiskey

- Malt Whiskey : 맥아를 사용해 만든다.(Glenfiddich, Macallan)
- Blended Whiskey : Malt Whiskey와 Grain Whiskey를 혼합하여 마시기 좋게 한 것으로 우리가 마시는 Scotch Whiskey의 대부분이 Blended Whiskey이다(Chivas Regal, Johnnie Walker).

(2) American Whiskey

Bourbon Whiskey라고도 하며, 켄터키주 Bourbon 지방에서 옥수수를 주원료로 하여 만든 것에서 시작됐다(Old Grand Dad, Jack Daniel, Jim Beam 등).

American Whiskey

Scotch Whiskey

(3) Canadian Whiskey

Rye Whiskey와 옥수수로 만든 Whiskey를 섞어서 제조한 Whiskey로 특유의 부드럽고 경쾌한 맛이 있다(Canadian Club).

(4) Irish Whiskey

아일랜드에서 생산되는 Whiskey로 보리를 주원료로 하며 향기가 진하고 맛이 중후한 것이 특징이다(Middleton).

(5) Whiskey를 즐기는 방법

▶ Straight

Whiskey는 강한 개성으로 인하여 Straight로 마신다. Straight로 마실 때 가장 애호되는 종류가 Malt Whiskey이며 Whiskey 특유의 풍미를 만끽할 수 있다.

▶ On the Rocks

Whiskey는 얼음과 함께 마시기도 하며, 주로 Blended Whiskey가 이용된다.

▶ Cocktail

Manhattan, Whiskey Sour, Bourbon Coke 등의 Base로 사용된다.

3) Brandy

(1) Brandy의 특성

- Wine을 증류시켜 만든 술
- 프랑스 Cognac 지방에서 만든 Brandy를 Cognac이라고 한다.
- 반드시 숙성과정이 필요하며 숙성시킨 횟수와 품질에 따라 V.O.S.P와 X.O로 나누어진다.

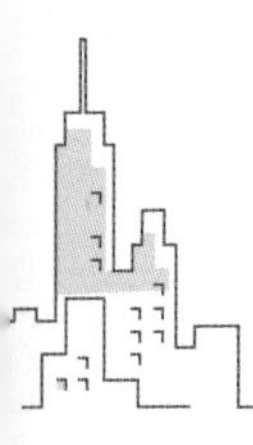

(2) Brandy의 명산지

Brandy는 Wine이 생산되는 곳이면 어디서나 만들 수 있다. Wine과 마찬가지로 Brandy도 프랑스의 명주이다.

▶ Cognac(코냑) 지방

프랑스 Cognac 지방에서 생산되는 Brandy를 Cognac이라고 한다.

▶ Armagnac(아르마냑) 지방

프랑스 Armagnac 지방에서 생산되는 Brandy

▶ Calvados(칼바도스) 지방

프랑스 북부 노르망디에 있는 Calvados 지역의 특산물로써 사과로 만든 Brandy

(3) Brandy를 즐기는 방법

- Cocktail용으로 많이 쓰이지 않음
- Coffee에 넣어 마시기도 하고, 특히 요리에 많이 쓰임
- 식사가 완전히 끝난 후 식후주로 많이 애용되며 이때에는 Brandy 특유의 향을 즐길 수 있도록 입구가 좁고 배가 부른 Tulip 모양의 잔에 담아(1oz 정도) 상온에서 주로 Straight로 마신다.

표시	숙성기간
☆	2~5년
☆☆	5~6년
☆☆☆	7~10년
☆☆☆☆	10년 이상
V.O	12~15년
V.S.O	15~25년
V.S.O.P	25~30년
NAPOLEON	30~40년
X.O	50년 이상
Extra	70년 이상

4) Gin

① 증류주에 Juniper Berry(노간주나무의 열매)의 향미를 추출/혼합하여 제조된 혼성주

② 숙성시키지 않은 술(Beefeater)

③ Gin을 즐기는 방법

- Gin은 Straight로 마시기도 하지만, Cocktail의 부재료로 쓰이기 시작하면서 폭발적인 인기를 얻게 되었다.
- 유명한 Dry Martini를 비롯, Tom Collins, Gin Fizz 등 각종 Cocktail로 즐긴다.

5) Vodka

① 곡물을 이용하여 만든 증류주로 증류 후 활성탄에 여과한 술이다.

② Vodka는 Russia와 Poland에서 발달된 술로서 귀족들이 즐겨 마셨으며, Caviar, Salmon 등과 함께 Aperitif로도 즐겨 마셨다.

③ 무색, 무취, 무향의 특징으로 Cocktail의 재료로 널리 사용된다(Stolichnaya).

④ Vodka를 즐기는 방법

- 맛이 강한 Appetizer와 함께 Freezing시켜 소량(1oz)으로 마시는 것이 전통적인 방식이다.
- 무색, 무취한 특성 때문에 어떤 종류의 술과도 잘 어울리므로 Screw Driver, Bloody Mary 등, 여러 가지 Cocktail로 즐길 수 있다.

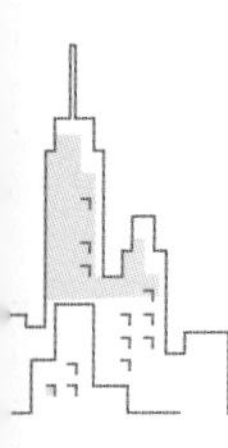

6) Rum

① Rum은 사탕수수에서 얻은 당밀을 원료로 하여 만든 증류주

② 생산지역에 따라 밝은색이 나고, 향미가 약한 것에서부터 짙은 색에 코를 찌르는 강한 향미를 가진 것까지 종류가 다양하다.

③ Rum을 즐기는 방법

- Rum은 특유한 향미를 가지고 있어 Straight로 마신다.
- 다른 재료와 쉽게 섞이는 특성 때문에 Rum Cock, Mai Tai, Pina Colada 등의 Cocktail로도 즐길 수 있다.
- Martini를 만들 때, Gin 대용으로 쓰이기도 하며, 7-up, Orange juice 등과 함께 마시기도 한다.

7) Beer

맥주는 보리를 발아시켜 Hop와 물, 그리고 효모(Yeast)를 섞어서 발효시킨 양조주로 영양분이 많으며 아래와 같은 종류가 있다.

① Draft Beer

살균하지 않은 생맥주이기 때문에 신선한 풍미가 살아 있지만, 저온에서 운반·저장해야 하며 빨리 소비해야 한다.

② Lager Beer

제조 후, 저온 살균하여 효모의 활동을 중지시킨 후, 병이나 캔에 넣어 오랜 기간 저장할 수 있도록 만든 것이다.

③ Stout Beer

태운 Caramel을 넣어 쓴맛이 강하고, Alcohol성분이 강한 (8~11도) 흑맥주

④ Beer를 즐기는 방법

- 차게 해서 마신다.

  맥주는 탄산가스의 청량감을 즐길 수 있도록 차게 마시는 것이 좋다. 그러나 너무 차면 맛을 제대로 느낄 수 없고, 온도가 높으면 맥주의 탄산가스가 모두 증발해 버리고 거품이 많이 나오므로 적당히 차게 해서 마셔야 한다.

- 거품과 함께 마신다.

  맥주의 생명은 '거품'이다. 거품은 탄산가스의 유출을 방지하여 계속 신선한 맛을 유지시켜 주는 역할을 한다.

8) Liqueur

① Liqueur는 혼성주의 일종으로 증류주를 서로 섞거나 재증류하고 여러 가지 약초, 식물의 뿌리, 꽃, 씨앗 등을 용해하여 향미가 나도록 한 것이다.

② 비교적 알코올성분이 강하고 설탕이나 향료가 함유되어 있어, 식후주로 가장 널리 애용된다.

대표적인 Liqueur

Benedictine, Cointreau, Creme De Menthe, Drambuie, Grand Marnier, Creme De Cassis

9) Cocktail

- 버번, 진, 럼, 스카치 또는 보드카와 같은 알코올에 과일즙이나 소다 또는 리큐어를 넣어 만든 음료이다.
- 알코올 도수가 낮아 식전주로 적합하고 기내에서는 식전주나 Welcome

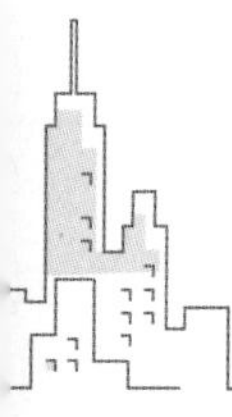

Drink로 제공되는 경우가 많다.

(1) Cocktail의 기본 요소

- Base : Cocktail의 기본이 되는 Liquor
- Mixer : Base와 섞이는 음료로 Soda Water, Ginger Ale, Tonic Water 등 사용
- Garnish : 맛을 더하거나 돋보이게 하기 위한 장식으로 Lemon, Orange, Olive, Cherry, Pineapple 등 사용

(2) 칵테일 용어

- 셰이크(shake) : 교반기(셰이커)에 양주 · 설탕 · 시럽 등을 정량 넣어 얼음덩이와 함께 흔들어 혼합하는 것
- 싱글(single) : 술의 용량을 나타내는 것으로, 30ml를 말하며, 더블은 그 2배
- 스퀴즈(squeeze) : 과실의 즙을 자는 것
- 스터(stir) : 바스푼으로 술을 휘저어 섞는 것
- 스노 스타일(snow style) : 칵테일 글라스 가장자리에 레몬즙을 묻히고 그 위에 설탕을 묻혀 눈처럼 보이게 한 것
- 슬라이스(slice) : 과일을 얇게 썬 것
- 대시(dash) : 위를 보호하는 역할을 하는 비터스의 단위로 1방울이 1대시를 의미
- 체이서(chaser) : 독한 술을 마신 후 입가심으로 마시는 물이나 탄산수
- 드롭(drop) : 마지막에 비터스 한 방울을 떨어뜨리는 것
- 필(peel) : 과일 껍질을 이르는 말로, 레몬이나 오렌지의 작은 조각을 강하게 움켜쥐어 칵테일에 즙을 짜 넣어 향을 내는 것

- 프라페(frappe) : 칵테일 글라스에 부순 얼음조각을 산같이 많이 넣고 그 위에 단술을 넣은 것으로, 마실 때는 스트로(straw)를 사용

제 2 절 기내 식음료

1. 기내 식음료의 개요

기내 식음료란 항공사에서 항공기 탑승 승객에게 비행 중에 제공되는 음식물과 음료로서, 항공사 고유의 기물에 실려 항공기 출발 전에 탑재된다. 이렇게 탑재된 기내 식음료는 객실승무원이 Galley에서 준비하여 승객들에게 서비스한다.

기내 식음료는 항공사의 고객만족 평가 기준에서 차지하는 비중이 매우 크므로 메뉴의 선정 시 고객의 취향을 고려한 세심한 주의가 필요하다.

1) 기내 식음료 제조 및 탑재

각 항공사마다 기내 식음료는 승객들의 다양한 기호에 부합되는 식음료를 계획, 구입, 관리, 제조, 공급 등을 전담하는 기내식 제조회사에 의해서 해당 비행기편에 탑재된다. 엄선된 기내 식음료는 많은 승객 수를 감안하여 비행기의 탑재공간을 최소화시키고 효율적인 재활용을 위해 항공사마다 각 고유의 이미지를 살려 별도의 전용 기물을 디자인 제작하여 사용하고 있다. 또한 이러한 기물은 음식을 담는 일인용 식기류에서부터 서빙용 쟁반(Tray), 이동식 Cart, Carrier Box 등 항공기 내의 전용 서비스 기물 및 용기를 이용하여 항공기까지 운반되며, 항공기 내부의 주방인 Galley에 탑재된다. 기내식의 메뉴는 다양한 국적을 가진 승객들의 건강과 기호를 고려하고 식상함을 최소화시키기 위하여 적정 Cycle마다 비행노선의 특성을 감안하여 승객 취향에 맞도록 조정하여 변경된다.

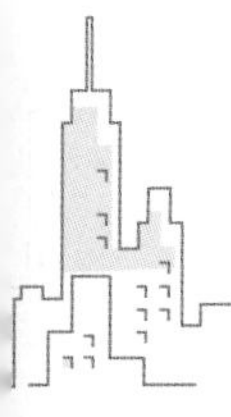

2) 기내 식음료 관리

기내 식음료가 탑재되어 보관, 관리되는 Galley는 항상 위생상태를 청결하게 유지한다. 그리고 이러한 기내 식음료의 서비스를 전담하는 승무원들은 기내 식음료 서비스 시작 전에 손을 깨끗이 씻는 등 항상 위생에 대한 의식을 가지고 서비스에 임해야 한다. 비행 중 신선도가 필요한 모든 기내 식음료는 항공기에 장착된 Chiller 장비를 이용하거나 Dry Ice를 이용하여 신선도를 유지해야 한다.

Galley에는 오븐이나 커피메이커, 물을 가열할 수 있는 Water Boiler System 등 기본적인 주방 시스템을 갖추고 있어 탑재된 기내 식음료를 뜨겁게 제공해야 할 것은 뜨겁게 가열하거나 데워서 제공하고, 차갑게 제공해야 할 것은 차갑게 Chilling하여 제공한다.

2. 기내 식음료의 특성

기내식은 주로 서양식이 대부분이나 양식 이외에도 항공사에 따라 운항노선의 특성에 맞게 기내식으로 개발한 한식, 일식 및 기타 현지 메뉴도 제공되며, 비행구간 및 시간, 객실등급에 따라 서비스되는 종류가 각각 다르다. 이를테면 First Class의 경우는 코스별로, Business Class의 경우는 Semi 코스 방식으로 기내식음료를 서빙 왜건 등에 담아 Presentation 서비스를 하며, 일반석에서는 Pre-Set Tray(한 상차림) 방식으로 제공된다.

각 클래스별로 Main Entree는 승객의 욕구를 만족시키기 위하여 상위 클래스는 3~4 Choice Entree를 제공하고, Economy Class에서는 2 Choice Entree를 제공한다.

3. 기내 식음료의 분류

1) 비행시간에 따른 분류

비행시간에 따라 Hot Meal과 Cold Meal로 나누어진다. Hot Meal은 비행소요 시간이 2시간 이상인 경우 재가열하여 Heating한 상태에서 서비스되는 식사이며 Cold Meal은 비행소요 시간이 2시간 이내인 경우가 해당된다.

비행시간별 기내식 서비스 횟수

- 6시간 이하 Flight : 1회 제공
- 6시간 이상 Flight : 2회 제공
- 12시간 이상 Flight : 3회 제공

2) 현지 서비스 시간에 따른 분류

- Breakfast : 오전 5시에서 오전 9시 사이에 제공되는 식사로 오믈렛, 토스트 등 간단한 식사가 제공된다.
- Brunch : 오전 9시에서 오전 11시 사이에 제공되는 식사이며 Breakfast와 달리 소고기, 생선, 가금류를 이용한 요리가 제공된다.
- Lunch : 오전 11시에서 오후 2시 사이에 제공되는 식사이다.
- Dinner : 오후 6시에서 오후 10시 사이에 제공되는 저녁식사이며 코스별로 준비된다.
- Supper : 오후 10시부터 오전 1시 사이에 제공되며, 저녁식사와 비슷하나 더 간단한 메뉴로 준비된다.
- Snack : Snack은 비행구간에 따라 Heavy, Light로 구분되며 영화상영, 승객 휴식, 기내판매 전후로 적정한 시점에 제공하며, 기존의 Meal 서비스와 간격을 두어 제공한다.

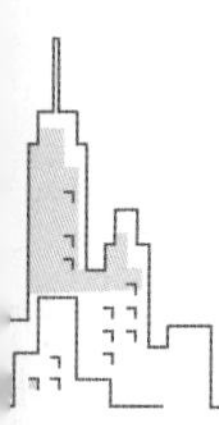

▲ 아시아나항공 Breakfast ▲ 아시아나항공 Sandwich

3) 좌석 Class에 따른 분류

▶ First Class Meal

서양식부터 동양식까지 코스별로 서비스되며 최상위 기물, 음료, 메뉴를 제공받게 된다. 국적 항공사의 경우 비빔밥, 불갈비, 북엇국, 도가니탕 등 노선별 특성에 맞게 전통 한국음식을 제공하기도 한다. 또한 On-Demand 서비스를 실시하여, 승객에게 맞추는 다양한 음식을 제공하고 있다. 기내 음료 또한 타 Class보다 고급화된 Wine, Liquor를 제공한다. 일부 항공사의 경우 일급 요리사가 직접 탑승하여 서비스하는 경우도 있다.

▲ 타이항공 일등석 기내식 ▲ 대한항공 일등석 기내식

▶ Business Class Meal

일등석과 일반석의 중간 코스인 Semi Course로 일부 코스는 Presentation 서비스를 실시하며 식사를 제공하고 있다. 다양한 종류의 한식과 서양식을 제공하며, 유명한 French 와인과 노선에 따라 각국의 와인을 제공한다.

▲ 아시아나항공 비즈니스 클래스 기내식　　▲ 캐세이패시픽항공 비즈니스 클래스 기내식

▶ Economy Class Meal

일반적인 식사를 말하며, 서양식을 기본으로 하고 있으나 국적항공사와 일부 외국 항공사에서 한식서비스를 제공하고 있다. 한식 기내식으로 비빔밥, 쌈밥, 미역국 등을 선보이고 있다. Meal Choice는 2가지이며 Tray에 모든 코스가 Setting되어 있다.

▲ 아시아나항공 비빔밥　　▲ 태국항공 기내식

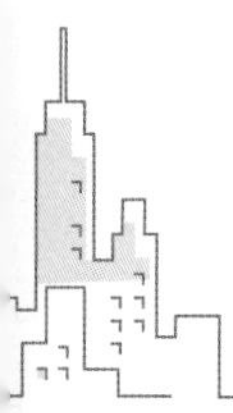

4. 특별 기내식(Special Meal)

건강, 종교, 기호, 연령 등의 이유로 정규 기내식을 섭취하지 못하는 고객을 위하여 사전예약 주문을 통해 서비스된다.

1) 야채식

- 서양채식(Vegetarian Lacto-Ovo Meal : VLML) : 생선 및 가금류를 포함한 모든 육류와 동물성 지방, 젤라틴을 사용하지 않고 계란 및 유제품은 포함하는 서양식 채식메뉴
- 엄격한 서양채식(Vegetarian Vegan Meal : VGML) : 생선 및 가금류를 포함한 모든 육류와 동물성 지방, 젤라틴뿐만 아니라 계란 및 유제품을 사용하지 않는 엄격한 서양식 채식메뉴
- 인도 채식(Vegetarian Hindu Meal) : 생선류, 가금류를 포함한 모든 육류와 계란을 사용하지 않고, 유제품은 포함하는 인도식 채식메뉴
- 엄격한 인도 채식(Vegetarian Jain Meal) : 생선류, 가금류를 포함한 모든 육류와 계란, 유제품을 포함하는 모든 동물성 식품 및 양파, 마늘, 생강 등의 뿌리식품을 사용하지 않는 엄격한 인도식 채식메뉴
- 동양 채식(Vegetarian Oriental Meal : VOML) : 생선류, 가금류를 포함한 모든 육류와 계란, 유제품은 사용 불가하나 양파, 마늘, 생강 등의 뿌리식품은 사용 가능한 동양식 채식메뉴

2) 건강상의 이유로 인한 조절식

- 저지방식(Low Fat Meal : LFML) : 1일 지방 섭취량을 30g 이내로 제한한 식사

아시아나항공 과일식

- 당뇨식(Diabetic Meal : DBML) : 열량, 단백질, 지방, 당질의 섭취량을 조절하는 동시에 식사량의 배분, 포화지방산의 섭취제한 등을 고려한 식사
- 저열량식(Low Calorie Meal : LCML) : 체중 조절을 목적으로 열량을 제한한 식사
- 저단백식(Low Protein Meal : LPML) : 육류, 계란 및 유제품 등 단백질 식품을 제한하여, 1일 단백질 섭취량을 40g 이하로 제한한 식사
- 저염식(Low Salt Meal : LSML) : 1일 염분의 섭취량을 5g 이하로 제한한 식사

3) 종교상의 이유로 인한 종교식

- Hindu Meal(HNML) : 소고기를 먹지 않는 힌두교인을 위한 식사
- Moslem Meal(MOL) : 회교 율법에 따라 돼지고기와 알코올을 사용하지 않는 식사
- Kosher Meal(KSML) : 유대교 율법에 따라 조리하여 기도를 올린 것으로 돼지고기를 사용하지 않는 식사
- Vegetarian Meal(VGML) : 종교상, 건강상, 문화상의 이유로 육류를 먹지 않는 채식주의자의 식사

4) 연령상의 이유로 인한 영유아식

- Infant Meal(IFML) : 12개월 미만의 유아식

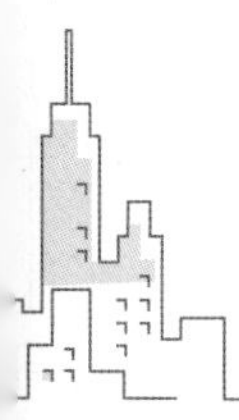

- Baby Meal(BBML) : 12개월에서 24개월의 유아식
- Toddler Meal(TDML) : 2세에서 6세 정도의 아동을 위한 기내식
- Child Meal(CHML) : 12세 이상의 어린이용 식사

5) 축하용 케이크

- Honeymoon Cake(HMCK) : 결혼 축하 케이크
- Birthday Cake(BDCK) : 생일 축하 케이크

생일 축하 케이크

항공객실업무론

제6장
객실서비스 시 기본 매너

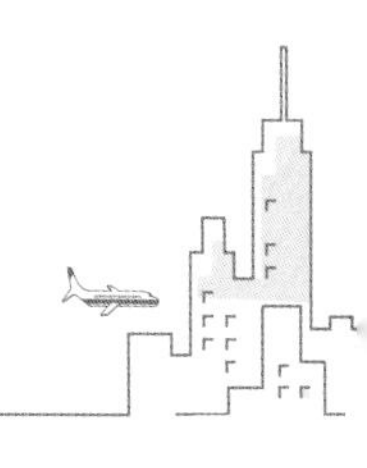

제 6 장 객실서비스 시 기본 매너

제 1 절 객실승무원의 서비스 기본자세

1. 객실승무원의 인사

인사는 사람 인(人)과 일 사(事)로 이루어진 단어로, 사람이 마땅히 섬기면서 할 일을 뜻한다. 인사는 인간관계의 첫걸음으로 서로에 대한 가장 기본적인 예의이며, 사회생활에서 서로의 마음을 열게 하는 효과적인 방법이다. 서비스맨에게 인사는 고객에 대한 봉사정신의 표현으로 상대에 대한 감사와 존경을 표현하는 것이다. 이러한 자세는 자신의 인격과 교양을 외적으로 나타내는 것으로, 자신의 인격과 이미지를 완성하는 데 매우 중요한 역할을 한다.

인사의 6대 포인트

- 밝은 목소리로 분명하게 인사말과 함께한다.
- 밝은 표정으로 한다.
- 상대방의 얼굴을 보며 한다.
- 인사는 내가 먼저 한다.
- 진심에서 우러나오는 인사를 한다.
- 인사는 시간과 장소, 상황(T.P.O)을 고려해서 한다.
  T.P.O : Time 시간, Place 장소, Occasion 상황

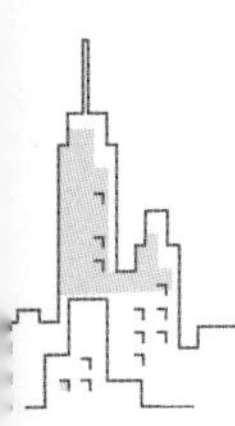

1) 인사의 기본자세

올바른 인사자세

- 표정 : 밝고 부드러운 미소를 짓는다.
- 시선 : 상대의 눈이나 미간을 부드럽게 바라본다.
- 어깨 : 힘을 빼고 자연스럽게 내린다.
- 머리, 가슴, 허리, 다리 : 자연스럽게 곧게 펴서 일직선이 되도록 한다.
- 무릎 : 곧게 펴고 무릎을 붙인다.
- 손 : 남자는 주먹을 가볍게 쥐어 바지 재봉선에, 여자는 오른손을 위로 하여 공수자세를 취한다.
- 발 : 발뒤꿈치는 붙이고, 발의 앞쪽은 남자는 30도, 여자는 15도 정도 살짝 벌린다.

공수자세

공수(拱手)는 두 손을 어긋매껴 마주 잡는 일이다. 차수(叉手)라고도 한다. 평상시에는 남자는 왼손이, 여자는 오른손이 위로 가도록 두 손을 포개어 잡는다. 흉사(凶事) 시에는 반대로, 남자는 오른손이, 여자는 왼손이 위로 가도록 잡는다. 제사는 흉사가 아니므로 평상시대로 한다.

2) 인사의 순서

- 인사 전, 후에는 상대방을 바라본다.
- 먼저 허리부터 숙이고, 이때 등과 목은 일직선이 되도록 한다.
- 시선은 상대 발끝에 두거나 자신의 발끝에서 1.5m 정도 거리에 둔다.
- 숙인 상태에서 잠시 멈춘다.
- 상체를 올리는데 굽힐 때보다 천천히 들어 올린다.

• 다시 상대를 바라보며 인사말을 한다.

5대 접객용어

- 안녕하십니까, 어서 오십시오.
- 무엇을 도와드릴까요?
- 감사합니다.
- 죄송합니다.
- 안녕히 가십시오.

3) 인사의 종류

약례(15도)	보통례(30도)	정중례(45도)
• 실내나 통로, 엘리베이터 안과 같이 협소한 공간 • 화장실과 같은 개인적인 공간 • 상사나 손님을 여러 차례 만나는 경우 • 손아랫사람에게 인사하는 경우 • 동료나 친한 사람과 만나는 경우	• 손님이나 상사를 만나거나 헤어지는 경우 • 보편적으로 처음 만나 인사하는 경우 • 상사에게 보고하거나 지시를 받을 경우	• 감사의 뜻을 전할 경우 • 잘못된 일에 대해 사과하는 경우 • 면접이나 공식 석상에서 처음 인사하는 경우 • VIP 고객이나 직장의 CEO를 맞이할 경우

2. 객실승무원의 표정

객실승무원의 미소

표정은 내면의 어떠한 의미가 얼굴로 표출되는 것으로 우리의 감정이 가장 극명하게 반영되는 부분이다. 의사소통에 있어서 언어를 사용하여 의사표현을 하지만 표정으로도 자신의 마음을 표현할 수 있고 말하는 사람의

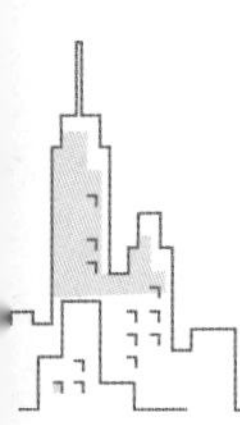

마음을 읽을 수도 있다. 따라서 좋은 인간관계를 위해 상대방에게 호감을 줄 수 있는 좋은 표정을 보여주도록 노력해야 한다.

특히 승객들과 밀접한 상호관계를 형성하는 항공사 객실승무원의 표정은 서비스품질에 많은 영향을 미칠 수 있는 부분이다. 승객들에게 호감을 주고 긍정적인 이미지를 형성하기 위해서는 진정한 마음에서 우러나오는 밝고 정감 있는 표정 연출이 필수적이다.

객실승무원의 시선

눈은 마음의 창이라고 하며, 사람의 눈을 보면 그 사람의 진실을 알 수 있고, 본심을 가장 단적으로 표현하는 커뮤니케이션 수단이 되기도 한다. 눈의 표정을 능숙하게 활용함으로써 말 이상의 무엇인가가 상대방에게 전달되는 경우가 적지 않다. 대화를 나눌 때 시선을 피하거나 주위를 두리번거리는 사람은 상대방에게 불쾌감을 주며 신뢰감을 형성하지 못하게 된다.

호감 주는 시선처리

- 대화 시 상대방과 자연스럽게 부드러운 시선으로 눈을 맞춘다.
- 자연스러운 눈 맞춤을 위해서는 상대의 눈을 맞추던 시선을 눈이나 미간, 콧등 사이를 번갈아 본다.
- 대화의 상황에 따라 눈의 크기를 조절한다.

표정 연습

3. 객실승무원의 자세

1) 바르게 서 있는 자세

- 등과 가슴을 곧게 펴고, 허리와 가슴을 일직선이 되도록 한다.
- 아랫배에 힘을 주어 단전을 단단하게 한다.
- 표정은 밝게 한다.
- 시선은 상대방의 얼굴을 바라보고, 턱은 살짝 당겨준다.
- 여성은 오른손이 위로, 남성은 왼손이 위로 가게 한다.
- 발꿈치는 붙이고 발의 앞은 살짝 벌려 V자형으로 한다.
- 몸이 한쪽으로 기울어지지 않도록 몸의 균형을 유지한다.

남성의 손자세

남성의 경우 일반적으로 바지 재봉선 옆에 손을 내려 차렷 자세를 유지하지만, 고객을 응대하는 업무를 하는 경우에는 왼손을 위로 하여 공손함을 표한다.

2) 바르게 걷는 자세

- 등을 곧게 세운다.
- 가슴은 쫙 펴고, 어깨의 힘을 뺀다.
- 시선은 정면을 향하도록 하고, 턱은 가볍게 당긴다.
- 무릎은 곧게 펴고 배에 힘을 주어 당기며 몸의 중심을 허리에 둔다.
- 손은 가볍게 주먹을 쥐고 양팔은 자연스럽게 흔들어 준다.

바르게 선 승무원의 자세

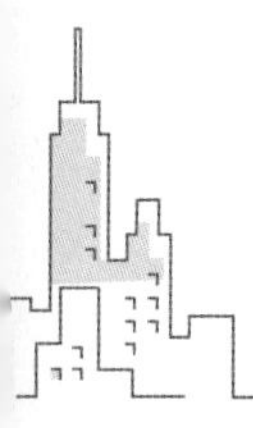

- 무릎 부분이 스치는 느낌이 들고 벌어지지 않도록 걷는다.
- 일직선으로 걷는다.
- 발뒤꿈치 ⇨ 발바닥 ⇨ 발끝의 순서로 지면에 닿게 걷는다.
- 손에 물건을 들었을 때에는 몸의 균형을 유지하고 걷는다.

3) 앉은 자세

- 앉을 의자 옆에 바른 자세로 선다.
- 앉을 의자의 위쪽이 흔들리지 않도록 손으로 가볍게 잡는다.
- 의자의 반대쪽 발을 의자의 앞쪽으로 내디딘다.
- 의자 쪽의 발을 의자에 앉을 때 놓는 위치에 둔다.
- 의자 반대쪽의 발을 의자에 내민 발과 가지런히 당겨 붙이고 손은 등받이에서 뗀다.
- 여자의 경우 오른손으로 치마의 뒷 폭을 정리하여 앉는다.
- 여성은 두 손을 무릎 위에 나란히 놓고 무릎을 붙여서 한쪽 방향으로 모은다.
- 남성은 두 손을 무릎 위에 나란히 놓고 다리는 약간 벌리면서 앉는다.
- 등받이 깊숙이 앉는다.
- 등과 등받이 사이는 주먹 하나가 들어갈 정도로 간격을 두고 앉는다.
- 고개는 반듯하게 들고 턱은 당긴다.
- 몸 전체의 힘을 빼고 표정은 편안하게 갖는다.

4) 방향지시 자세

- 밝은 표정과 상냥한 음성으로 대화한다.
- 시선은 상대방의 눈을 먼저 보고, 가리키는 방향을 손과 함께 본 후 다시 상대방의 눈을 본다(삼점법 : 상대 눈 ⇨ 지시방향 ⇨ 상대 눈).

- 손가락을 모으고 손목이 꺾이지 않도록 가리키는 방향을 유지한다.
- 손바닥이나 손등이 정면으로 보이지 않도록 45도 각도로 눕혀서 가리킨다.
- 오른쪽을 가리킬 때에는 오른손을, 왼쪽을 가리킬 때에는 왼손을 사용한다.
- 상대방의 입장에서 구체적이고 정확하게 위치를 안내한다.
- 한 손가락이나 고갯짓으로 지시하거나 상대방을 보지 않고 지시하는 무례한 행동은 피한다.

5) 물건을 주고받을 때의 자세

- 물건을 건넬 때에는 가슴과 허리 사이의 위치에서 주고받도록 한다.
- 반드시 양손으로 건네고 받는다.
- 작은 물건을 주고받을 때에는 한 손을 다른 한 손으로 받쳐서 공손히 건네도록 한다.
- 받는 사람의 입장을 고려하여 전달한다(글자의 방향이 상대방을 향하도록 하고, 펜 등은 바로 사용하기 편리하도록 건넨다).

눈높이 자세

- 승객 호출 등으로 승객과 오래 대화를 나눌 경우 승객의 1열 앞이나 승객의 Armrest 옆쪽에서 무릎을 꿇고 앉은 자세로 응대한다.
- 주문받을 때에는 눈높이 자세로 승객의 눈높이와 맞추어 응대한다.

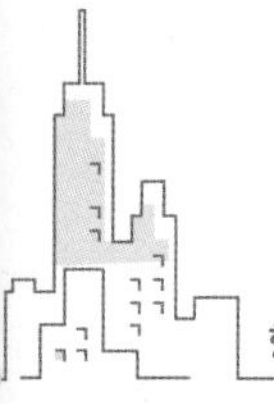

제2절 승객 응대요령

1. 고객의 심리

1) 환영기대심리

- 고객은 언제나 환영받기를 원하므로 항상 밝은 미소로 맞이해야 한다.
- 고객은 자신을 왕으로 대접해 주기를 바라는 것이 아니라 환영해 주고 반가워해 주기를 바라는 마음을 가지고 있다.

2) 독점심리

- 고객은 모든 서비스에 대하여 독점하고 싶은 심리가 있다.
- 고객의 독점심리를 만족시키다 보면 다른 고객의 불만을 야기할 수 있으므로 모든 고객에게 공정하게 서비스해야 한다.

3) 우월심리

- 고객은 서비스직원보다 우월하다는 심리를 갖고 있다.
- 서비스직원은 직업의식을 가지고 고객의 자존심을 인정하고 자신을 낮추는 겸손한 자세가 필요하다.

4) 모방심리

- 고객은 다른 고객을 닮고 싶어 하는 심리를 갖고 있다.

5) 보상심리

- 고객은 비용을 들인 만큼 서비스를 기대한다.

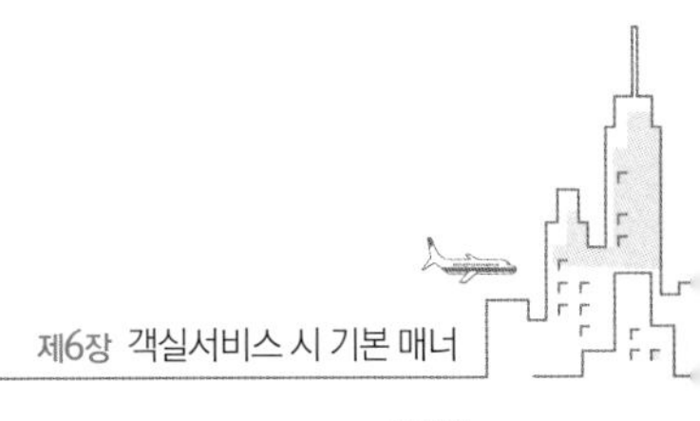

- 다른 고객과 비교해 손해를 보고 싶지 않은 심리를 갖고 있다.

6) 자기본위적 심리

- 고객은 각자 자신의 가치 기준을 가지고, 항상 자기 위주로 모든 상황을 판단하는 심리를 가지고 있다.

7) 존중기대 심리

- 중요한 사람으로 인식되고, 기억해 주기를 바란다.

2. 승객 응대 시 기본 매너

- 모든 승객에게 예의 바르고 공평한 태도로 응대한다.
- 자세와 동작은 항상 바르고 공손하게 유지한다.
- 용모 복장을 항상 청결하고 단정하게 유지한다.
- 승객을 맞이할 때는 승객의 얼굴을 보고 밝은 표정으로 Eye-contact을 한다.
- 승객에게 진심에서 우러나는 환영의 인사를 인사말과 함께 허리를 굽혀 공손하게 인사한다.
- 승객에게 인사할 때는 항상 미소가 있는 표정으로 인사한다.
- 승객 응대 시 친근감을 주는 밝은 표정을 유지하고, 승객의 기분이나 상황 등에 맞추어 적절한 표정 관리를 한다.
- 표준어와 경어를 사용한다.
- 상위 클래스에서는 승객의 이름이나 직함을 인지하고 호칭한다.

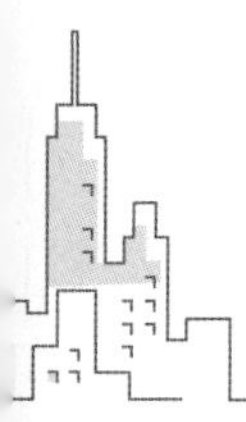

3. 승객 응대 시 준수사항

- 승객의 질문에 정확한 답을 할 수 있도록 업무지식을 숙지한다.
- 여행정보를 숙지하고 승객과의 원활한 대화에 활용하도록 한다.
- 승객이 이야기할 때는 관심 있는 태도를 취하고 가급적 논쟁을 피한다.
- 특정 승객과의 장시간 대화는 피한다.
- 비행 중 Call Button이 켜질 경우 해당 승객의 요구사항을 우선적으로 해결한다.
- 비행 중 승객이 원하는 물품이 없거나 제공이 불가능한 경우, 사유를 친절하게 설명하고 이에 상응하는 것을 대신 권유한다.
- 비행 중 불만을 표현하는 승객에게는 성실한 태도로 승객의 말을 잘 듣고 해결하려고 노력하는 자세를 보인다.
- 불만이 심한 승객은 사무장에게 보고하고 비행 전까지 최상의 조치를 취하도록 한다. 원만한 해결이 불가할 시에는 비행 종료 후 즉시 Report를 작성 제출한다.
- 승객으로부터 금품을 받아서는 안된다.
- 통로나 Jump Seat에서 동료와 잡담을 하면 안되고, 승객의 휴식을 방해하면 안된다.

4. 기내 대화 요령

기내에서 객실승무원과 승객 사이의 원만한 관계를 형성하고 유지하기 위해서는 승객과의 커뮤니케이션이 매우 중요하다. 승객과의 의사소통에 있어서 객실승무원의 친절하고 정중한 말씨나 태도는 고객 응대의 기본이며 회사에 대한 긍정적인 인상을 형성하는 데 중요한 역할을 한다. 따라서 객실승무원들은 다양한 기내서비스 상황에 맞는 대화요령을 익혀 승객에게 호감을 줄 수 있는 서비스를 해야 한다.

1) 경청 스킬

- 1, 2, 3기법을 활용하여 전달자의 메시지에 관심을 집중시키고, 진정으로 듣기 원하는 것을 보여준다.

1, 2, 3기법

1번 말하고, 2번 들어주며, 3번 이상 맞장구 쳐준다.

- 말하는 사람에게 동화되도록 노력한다.
- 질문을 한다. 이해하지 못한 부분이나 오해의 소지가 있는 부분을 확인함으로써 좀 더 원만한 커뮤니케이션이 가능하다.
- 인내심을 가지고 끝까지 들어야 한다.
- 메시지 내용 중 동의할 수 있는 부분을 찾는다.
- 전달하는 메시지의 요점에 관심을 두고 정확히 파악하려고 노력한다.

2) 말하기 스킬

(1) 긍정적인 표현

- 부정적 표현은 상대방의 자존심을 상하게 하여 불쾌감을 느끼게 한다. 같은 내용도 긍정적인 부분을 강조해서 말하면 거부감을 줄일 수 있다.
- 긍정적인 내용과 부정적인 내용을 함께 말해야 할 때에는 긍정적인 것을 먼저 이야기하고 나중에 부정적인 것을 말한다.

> "이곳에서 담배를 피워서는 안됩니다." (×)
> "공항에 흡연실이 마련되어 있습니다." (○)

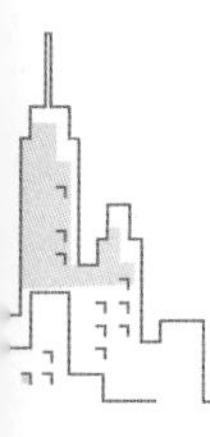

(2) 청유형의 표현

- 사람들은 누구나 자신이 주도권을 갖기 원하기 때문에 명령형의 표현은 거부감을 불러일으킬 수 있다. 상대방이 내 부탁을 듣고 스스로 결정해서 따라올 수 있도록 상대방의 의견을 구하는 표현을 사용한다.

> "조금만 기다려주세요." (×)
> "조금만 기다려주시겠습니까?" (○)

(3) 개방적인 표현

- 대화를 진행하면서 상대방의 이야기를 많이 듣기 위해서는 상대방에 대한 적절한 질문 요령이 필요하다.
- '네, 아니요'의 대답만 가능한 폐쇄적인 질문은 가급적 지양하고 개방적인 질문을 하도록 한다.

> "오늘 하루 즐거우셨습니까?" (×)
> "오늘 하루 어떠셨나요?" (○)

(4) 완곡한 표현

- 대화를 부드럽게 이끌어가기 위해서는 '안됩니다', '모릅니다', '이것, 아니면 저것' 식의 직설적이고 강압적인 표현은 피하는 것이 좋다.

> "그렇게 하는 것보다 이렇게 하면 어떨까?"
> "모릅니다." ⇨ "제가 알아봐 드리겠습니다."

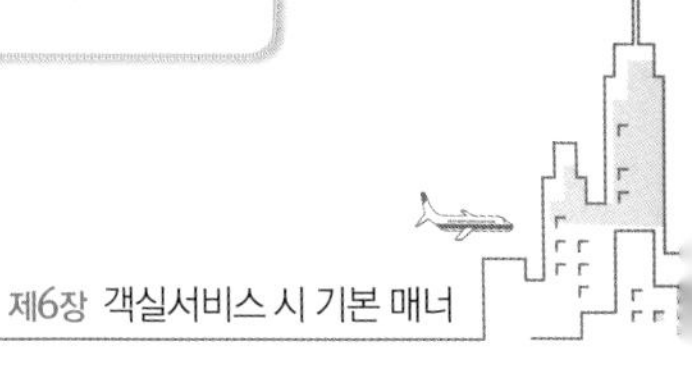

(5) 쿠션언어의 사용

- 상대방이 원하는 것을 들어주지 못하거나 상대방에게 부탁해야 할 경우 기분이 나빠지는 것을 최소화할 수 있는 표현을 사용한다.

미안합니다만, ~~	죄송합니다만, ~~
실례합니다만, ~~	바쁘시겠지만, ~~

제 3 절 불만 승객 응대법

1. 불만 해결을 위한 5가지 기본원칙

1) 피뢰침의 원칙

- 피뢰침의 원칙이란 나를 조직의 피뢰침으로 생각하는 것이다.
- 승객은 나에게 개인적인 감정이 있어서 화를 내는 것이 아니라 일 처리에 대한 불만으로 복잡한 규정과 제도에 대해 항의하는 것이라는 관점을 가져야 한다.

2) 책임공감의 원칙

- 우리는 항공사의 일원으로서 내가 한 행동의 결과이든 다른 사람의 일 처리 결과이든 승객의 불만족에 대한 책임을 같이 져야만 한다.
- 승객에게는 누가 담당자인지가 중요한 것이 아니라 자신의 문제를 해결해 줄 것인지 아닌지가 중요하다.

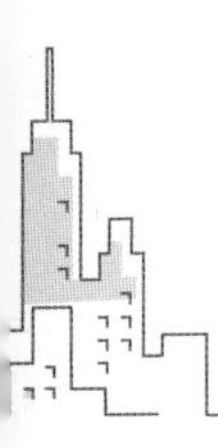

3) 감정통제의 원칙

- 사람을 만나고 의사소통하고 결정하고 행동하는 것이 직업이라면 사람과의 만남에서 오는 부담감을 극복하고 자신의 감정까지도 통제할 수 있어야 한다.
- 프로와 아마추어의 차이는 그것을 통제할 수 있느냐 없느냐의 차이일 것이다.

4) 언어절제의 원칙

- 승객보다 말을 많이 하는 경우 승객의 입장보다는 자신의 입장을 먼저 생각하게 된다. 말을 많이 한다고 해서 나의 마음이 승객에게 올바로 전달되는 것은 아니다.
- 승객의 말을 많이 들어주는 것이 승객의 문제를 빨리 해결할 수 있는 길이고, 승객과 좋은 관계를 형성할 수 있는 방법이다.

5) 역지사지의 원칙

- 사람은 타인의 입장이 되지 않고는 그의 마음을 알 수 없다. 승객을 이해하기 위해서는 반드시 고객의 입장에서 문제를 바라봐야 한다.
- 승객은 자신에게 관심을 가져주는 사람에게 호감을 갖는다. 고객에게 관심을 보여야만 우리의 말과 설명이 고객에게 제대로 전달되어 마음으로 이해해 줄 수 있다.

2. 불만 승객 응대 단계

1) 1단계: 무조건 경청한다

- 먼저 사과하고 고객의 흥분을 진정시킨다.

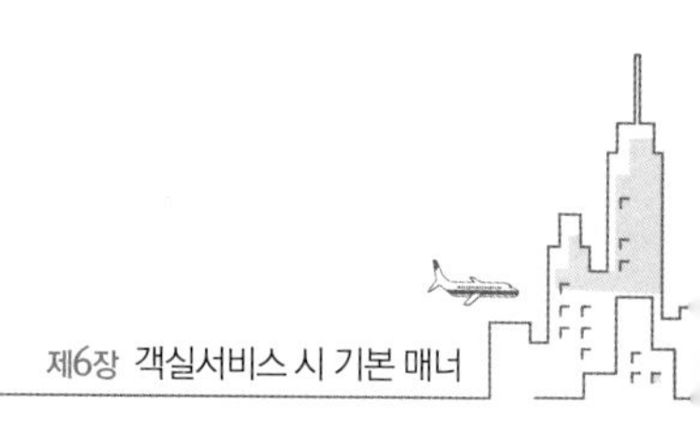

- 승객의 항의를 겸허하고 공손한 자세로 인내심을 갖고 끝까지 경청한다.
- 승객의 자극적인 말이나 도전적인 태도에 말려들지 않도록 한다.

2) 2단계: 승객의 항의에 공감하고, 감사의 인사를 한다

- 승객의 항의에 공감한다는 것을 적극적으로 표현하고, 승객의 마음을 충분히 이해할 수 있음을 인정하고 표현한다.
- 불만사항에 따라 필요한 경우, 승객에게 일부러 시간을 내서 문제점을 지적하여 해결의 기회를 준 데 대해 감사의 표시를 한다.

3) 3단계: 진심어린 사과를 한다

- 승객의 의견을 경청한 후 그 문제점을 인정하고 잘못된 부분에 대해 신속하고 정중하게 사과한다.
- 변명은 문제를 더 확대시킬 수 있으므로 잘못을 솔직히 인정하고 이해와 용서를 바라는 것이 문제해결의 지름길이다.

4) 4단계: 원인을 분석하고 해결방안을 모색한다

- 문제해결을 위한 질의응답을 통해 많은 정보를 확보하고, 확보한 정보를 통해 원인을 규명한다.

5) 5단계: 설명하고 해결을 약속한다

- 승객이 납득할 해결방안을 제시하고, 문제를 시정하기 위해 어떤 조치를 취할 것인지 설명하고 해결을 약속한다.
- 문제 처리방법을 제시하는데, 승객이 원하는 것이 불가능한 경우 적절한 대안을 강구한다.

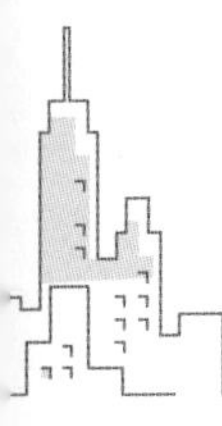

6) 6단계: 신속하게 처리한다

- 잘못된 부분에 대해 일의 우선순위를 세워 신속하고 완벽하게 처리하도록 하고, 문제해결을 위해 최대한 노력하고 있음을 보인다.

7) 7단계: 처리를 확인한 후 다시 한 번 사과한다

- 불만사항을 처리한 후 승객에게 결과를 알리고 만족여부를 확인한다.
- 승객에게 다시 한 번 정중하게 사과하며, 감사의 표현을 한다.

8) 8단계: 미래개선 방안을 수립한다

- 승객 불만 사례를 전 직원에게 알려 공유하고, 재발 방지책을 수립하고 새로운 승객 응대 매뉴얼을 작성한다.
- 승객은 자신에게 관심을 가져주는 사람에게 호감을 갖는다. 승객에게 관심을 보여야만 우리의 말과 설명이 승객에게 제대로 전달되어 마음으로 이해해 줄 수 있다. 그렇지 않으면 아무리 합리적인 이유를 말하고 훌륭한 미사여구를 사용한다 할지라도 승객은 결코 자신의 의견을 굽히지 않을 것이다.

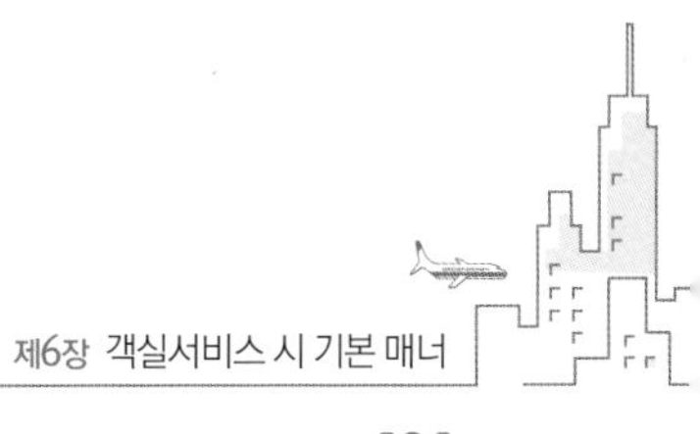

항공객실업무론

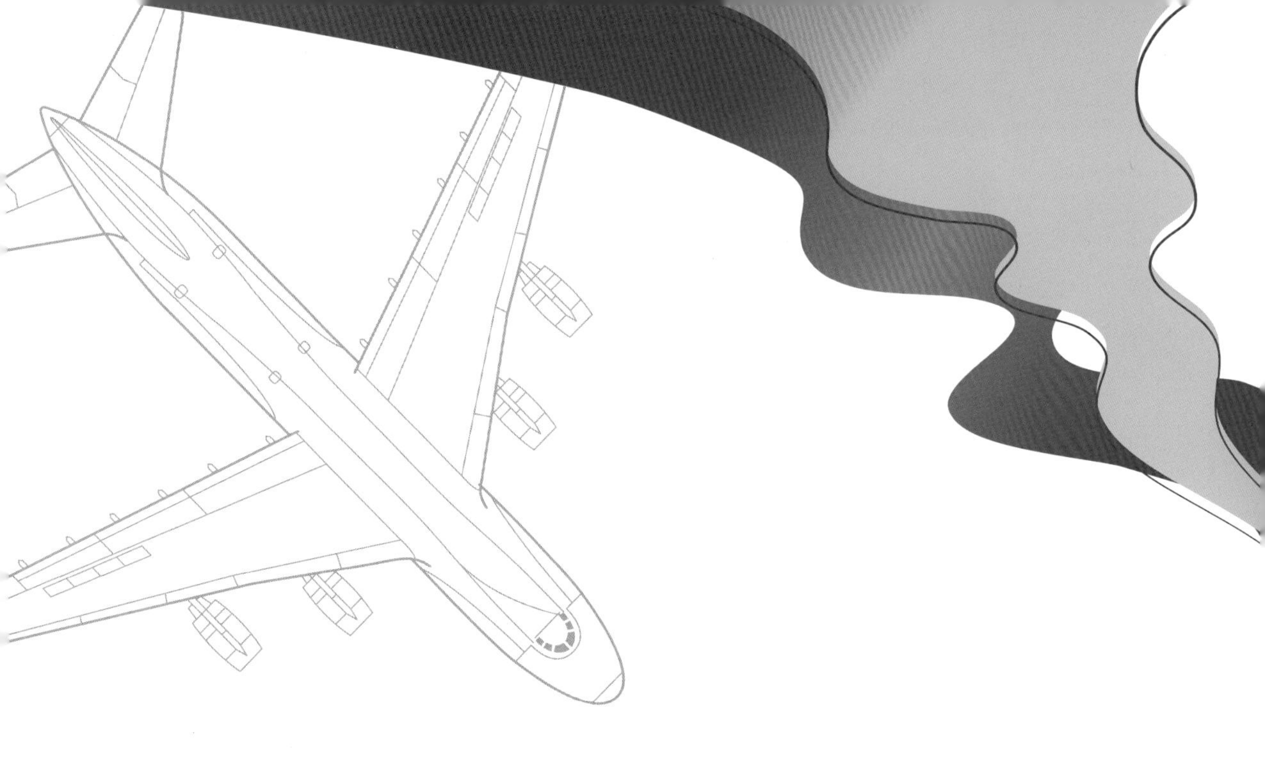

제 7 장
기내서비스 업무 절차

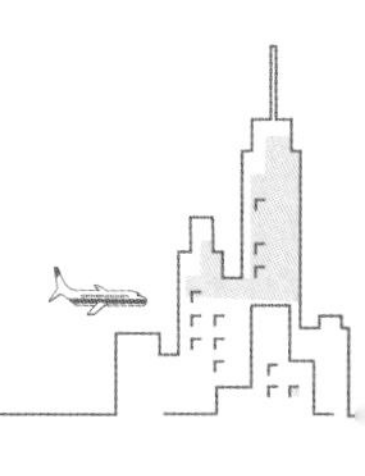

제 7 장 기내서비스 업무 절차

제 1 절 비행 준비 업무

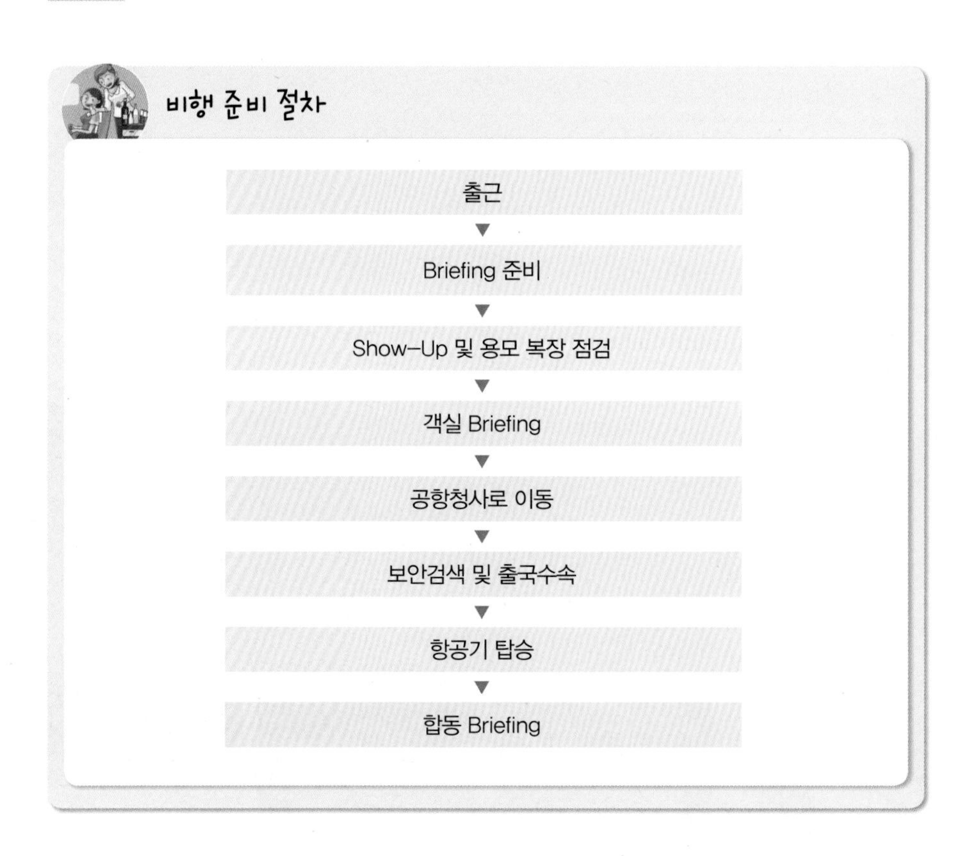

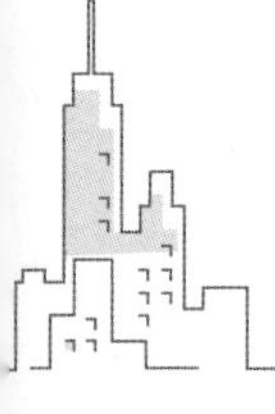

비행 준비는 객실승무원이 항공기 탑승 전에 수행해야 할 모든 준비 업무이다. 출근, 용모 복장 점검, Show-Up, Briefing 준비, 객실 Briefing, 운항 Briefing 등의 절차를 의미한다. 특히 국제선 비행 준비 시에는 비행정보를 비롯하여 해당노선의 서비스 순서, Station 정보, Menu 등을 파악해야 한다.

1. 출근

객실승무원의 경우 일반 회사원과 달리 시간관리가 철저해야 한다. 객실승무원의 경우 비행 출발시간이 정해져 있으므로 지각이 용납되지 않는다. 그러므로 교통 혼잡 등을 고려하여 충분한 시간을 가지고 출근해야 한다. 출근 때 유니폼을 착용할 경우 Make-Up과 Hair-Do 등을 규정에 맞추어야 한다.

승무원 비행 탑승 준비물

- 여권 및 비자
- ID Card(직원 신분증) & 승무원 등록증
- Cabin Operations Manual(안전 및 서비스관련 규정집, 방송문)
- Flight Diary 및 회사에서 지정한 업무관련 휴대품
- 기타 비행에 필요한 서류
- 국내선, 국제선 Time Table
- 비행수첩, 앞치마, 기내화, 메모지, 펜, 시계 등
- 비행일정에 따른 여행용품(Make-up도구, 세면도구, Alarm Clock, Stockings, 여벌의 Uniform, 사복과 구두 등)

2. Briefing 준비

객실브리핑에 참석하기 전 탑승 노선에 대한 정보를 사전에 수집하고, 내용을 숙지한 후 브리핑에 참여하고 비행에 임해야 한다. 최근 업무지시, 서비스 정보, 공지사항, 도착지 정보 및 특이사항, 비행 필수 휴대품 등을 확인한다. CPS(Crew Portal System)를 통해 각자의 Duty, 담당구역을 확인하고 브리핑에 참석한다.

브리핑 전 준비사항

- 해당편 비행정보(비행일정, 비행시간, 목적지 정보, 기종 등)
- 승무원 명단 및 할당된 Duty
- 최근 업무지시 및 공지사항
- 해당 비행에 필요한 서류 점검
- 비행 필수휴대품 확인

3. Show-Up

Show-Up이란 객실승무원이 비행 근무를 위해 근무 준비를 완료하고 Show-Up List에 서명하는 것을 말한다. Show-Up의 방식은 항공사마다 차이가 있지만, 국내 항공사의 경우 브리핑 전에 단말기에 본인의 출근여부를 입력하거나 Show-Up대장에 서명하는 방식이 있다. Show-Up은 반드시 본인이 해야 하며, Show-Up List를 통하여 항공편명, 항공기종 승무원 명단, 비행일정 등을 최종 확인한다.

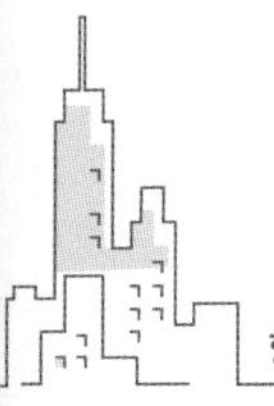

Show-Up List 내용

- 해당 비행 승무원 명단, 사번, 직급, 방송자격, 영어자격, 교육과정 이수Code
- 항공기 정보(기종 및 기명)
- 비행정보(비행구간, 출도착 시간 등)
- Lay Over 시간 및 Day Off 일수

4. 용모 복장 점검*Appearance Check*

담당 선임 승무원으로부터 용모 복장 및 휴대품에 대한 점검을 받는다.

국내선 비행은 주로 김포공항에서 이루어진다. 저비용항공사(Low Cost Carrier)의 출현으로 인해 국내선 항공편을 이용하는 승객들이 늘어나는 추세인바, 승무원은 출퇴근 시 회사의 이미지를 훼손하지 않도록 공항 이동 시 행동과 용모 복장에 신경을 써야 한다.

비행에 필요한 신분증(ID Card)과 방송문, 국내선 Time Table, 앞치마, 기내화, 향수 등을 소지하고, 국내선 비행일지라도 변경 가능한 스케줄에 대비하여 여권을 반드시 지참한다.

앞치마와 구두는 다림질과 청결 상태 확인 등 비행에 필요한 Appearance를 갖춘다.

5. 객실 브리핑*Cabin Briefing*

Show-Up 후 정해진 시간에 지정된 Briefing Room에서 객실사무장 주도하에 실시하고, 비행 근무에 필요한 휴대품을 완비한 상태여야 한다. 국내선의 객실 브리핑 시간은 출발시간을 기준으로 하여 1시간 20분 전이나 대형기종의 경우에는 1시

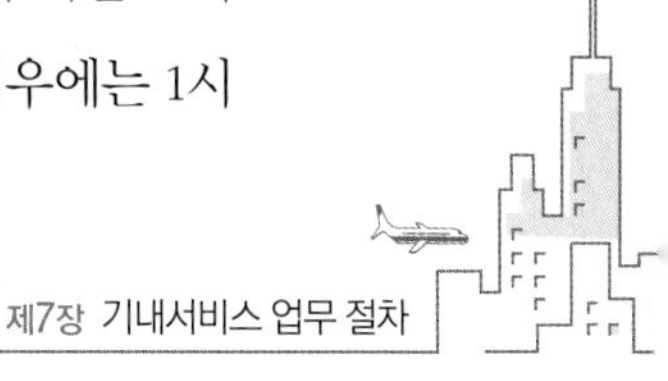

간 30분 전에 실시한다. 국내선의 경우에는 김포 출발과 인천 출발의 국내선으로 구분되어 있으며 브리핑 시간도 다소 상이하므로 비행 전에 확인해야 한다.

Briefing 내용

- 기종별 최소 탑승 인원 확인 및 승무원 명단 확인
- 비행일정
- 항공기 및 승객 관련 정보 전달(VIP, CIP 및 운동제한 승객 관련사항 포함)
- 서비스 절차 및 신규 서비스 내용 전달
- 안전 보안 근무규정 서비스 규정에 대한 최근 지시사항 Review
- 업무지시 내용 숙지 확인
- 비행 필요 휴대품 소지 확인(여권, 유효한 객실승무원 업무교범 또는 필수 휴대페이지, 여권, 비자, 승무원등록증, ID Card)

✓ **객실 브리핑 시간 및 장소**

구분	국내선				국제선			
	ICN		GMP/PUS	기타 지역	ICN		GMP/PUS	기타 지역
	00:00 ~11:00	11:01 ~23:59			00:00 ~11:00	11:01 ~23:59		
시간	1시간 10분 전	1시간 30분 전	1시간 20분 전	1시간 전	1시간 10분 전	2시간 전	1시간 50분 전	1시간 10분 전
장소	객실 전방	객실 브리핑실	객실 브리핑실	객실 전방	객실 전방	객실 브리핑실	객실 브리핑실	객실 전방

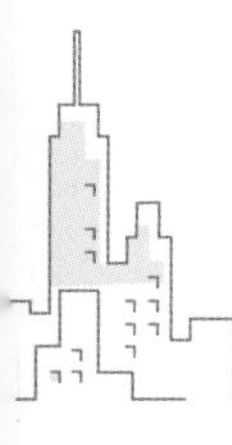

6. 보안검색 및 출국수속

체크인 카운터에서 기내 반입 휴대 수화물인 Flight Bag과 Hanger를 제외한 Baggage는 Crew Tag을 부착하여 탁송한다. 이후 세관검사, 출국심사, 검역, 보안검색을 거쳐 항공기에 탑승한다.

✓ 항공기 탑승시각

국제선(전 기종)		항공기 출발 55분 전
국내선	B747	항공기 출발 50분 전
	기타 기종	항공기 출발 40분 전

7. 합동 브리핑*Cockpit Briefing*

항공기 출발 40분 전 객실 전방에서 당일 항공기의 운항 승무원과 객실승무원의 합동 브리핑이 실시된다. 승객의 예약상태와 목적지 및 항로상의 기상상태에 대한 정보를 알려주고 목적지의 기상이 좋지 않을 경우 착륙하게 될 대체 공항을 알려준다.

합동 브리핑은 항공기가 지연되거나 주기장에 주기하고 있지 않을 경우에는 기내가 아닌 승객과 분리된 장소(객실 전방, Gate 입구 등)에서 실시할 수 있다.

합동 브리핑

1) Cockpit Briefing 내용

- 예정된 비행시간, 운항 고도, 항로 등의 비행정보
- 목적지·출발지의 기상정보 및 비행 중 예상되는 특이사항(난기류 등)
- 예상되는 Turbulence 시전, 관련 주의사항
- 항공기 중량 정보
- 비상시 비상신호, 승무원 간 협조사항, 비상탈출 관련사항
- 보안장비 유의사항
- 운항승무원과 객실승무원 간 협조사항 확인
- 조종실 출입절차
- Sterile Cockpit(비행 안전 취약단계, 10,000ft 이하) 절차
- 표준신호방법 확인(Approaching과 Landing Signal)
- 비정상 운항 발생 시 방송 시점 및 방송담당자 결정

✓ **합동 브리핑 시간 및 장소**

구분	국내선			국제선		
	GMP	ICN	Layover station	GMP	ICN	Layover station
시간	40분 전 (B747–50분 전)	40분 전 (전 기종)	40분 전 (B747–50분 전)	55분 전 (전 기종)	55분 전 (전 기종)	55분 전 (전 기종)

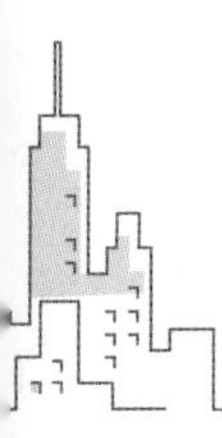

제 2 절 이륙 전 업무

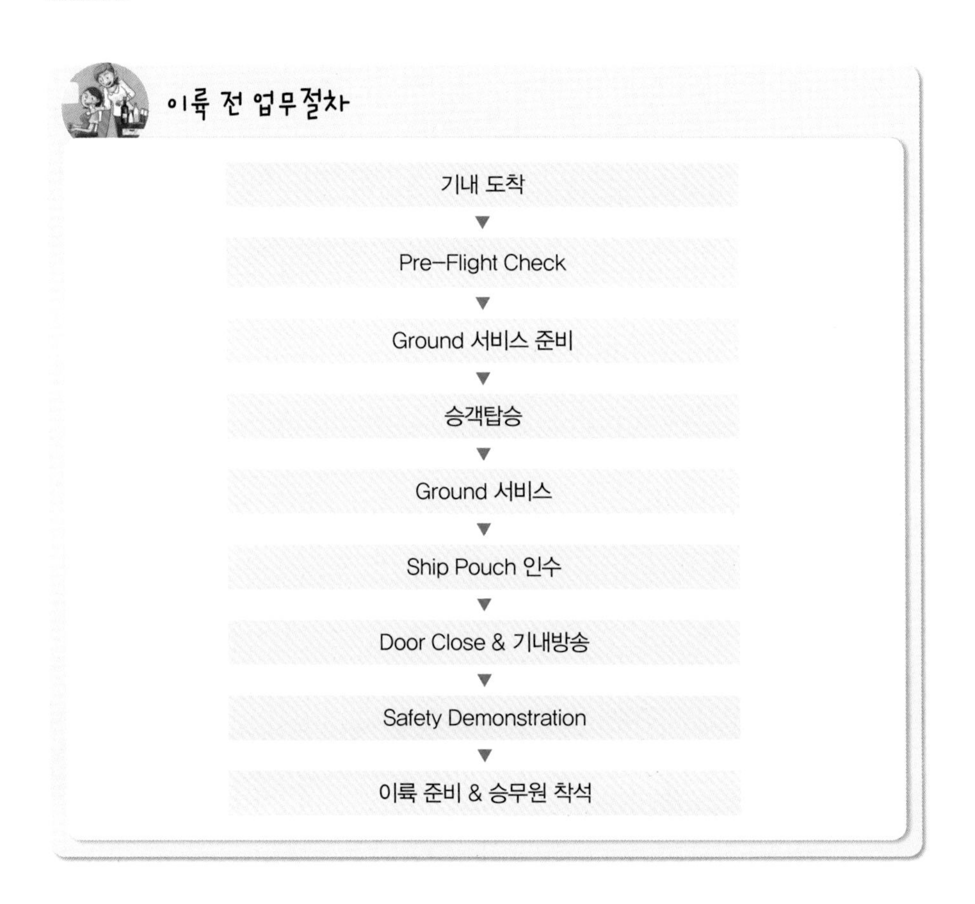

1. 기내 도착

객실승무원은 항공기 탑승 후 Flight Bag에서 기내서비스에 필요한 앞치마, 화장품, 기내화 등을 꺼내어 담당 Galley 주변에 보관한 후, Flight Bag은 Over Head Bin, Coat Room, 전방과 통로 측 방향에서 고정이 가능한 좌석하단 등에 보관토록 한다. 객실승무원은 Flight Bag 보관 시 승객의 안전과 편의를 최우선으로 해야 한다.

2. Pre-Flight Check

1) 비상 및 보안장비 점검

객실승무원은 각자의 담당구역에서 비상장비 및 보안장비에 대한 점검을 한 후, 객실장에게 PA를 통해 보고한다. 비상 및 보안장비는 일상 안전장비 및 비상 탈출장비, 객실 화재장비, 객실 의료장비, 보안장비 등으로 크게 나누어볼 수 있고, 객실승무원들은 모든 장비들의 탑재 위치 및 작동법, 이상유무 등을 점검해야 한다. 기내에 모니터가 장착되지 않은 기종에서는 Demonstration이 승무원의 실연으로 이루어지기도 하며 Video로 상영되기도 한다. 이에 승무원은 Safety Demonstration장비를 확인하고 준비를 하며, 사무장은 Video장비의 작동여부를 확인한다.

비상장비 및 보안장비 점검 품목

1. **일상 안전장비 및 비상 탈출장비** – 구명조끼, Safety Demo용구, 비상구 주변 점검(Slide Mode 상태, Locking 상태 등), ELT(Emergency Locator Transmitter), Flash Light, 메가폰 등
2. **객실 화재장비** – 소화기, PBE(Protective Breathing Equipment), Smoke Detector 등
3. **객실 의료장비** – PO_2Bottle, Medical Bag, First Aid Kit, EMK(Emergency Medical Kit) 등
4. **보안장비** – 비상벨, 방폭담요, 방탄재킷, 포승줄, 전자충격총 등

2) 승객좌석 및 객실점검

객실승무원은 비행 전 Galley에 장착되어 있는 기내 설비(Coffee Maker, Water Boiler 등)의 작동, 이상 유무와 화장실 장비의 작동(Smoke Detector, Flushing 상태 확인) 등을 확인한다. 기내 조명과 독서등의 작동상태와 기내방송을 위한

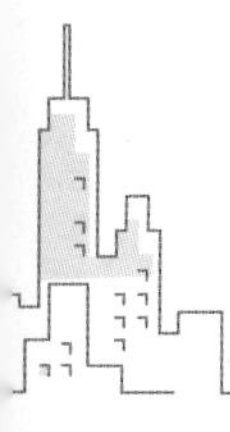

PA의 상태를 점검한다. 이때 방송의 볼륨을 모니터링하여 최적의 기내방송을 할 수 있도록 준비한다.

객실 설비 점검사항

1. **Cabin** – Curtain, Coatroom, Aisle 청결상태 및 유해물질 탑재 여부 확인
2. **승객좌석** – Call Button, Reading Light, Seat Audio 등의 작동상태, Life Vest 정위치, Seat Pocket Setting 상태와 내용물, Tray Table, Head Rest Cover 등 좌석 주변의 청결상태 확인
3. **화장실** – Toilet Bowl, Mirror, Water Basin, Floor 등의 청결상태, 비품확인 및 Smoke Detector, Call Button, Flushing 등의 작동상태, 유해물질 탑재 여부 확인

3) Galley 점검

- Waste Container, Floor, 각 Compartment의 청결상태 확인
- Water Boiler, Coffee Maker, Oven, Trash Compactor, Hot Cup 등의 작동상태 확인 및 Air Bleeding
- 인화성 물질 여부 확인

4) Catering 품목, 수량 및 상태 점검

Cart, Compartment, Box의 외부에 적혀 있는 품목의 수량과 내용물이 일치하는지 확인하고, 해당 노선에 필요한 기내 식음료와 서비스 기물, 용품이 충분한지 확인하여 객실장에게 보고한다.

- **기내식** : Meal Entree와 Tray 개수 확인, Special Meal 탑재 확인
- **기내 음료의 수량 및 상태 점검** : Coffee, Tea, Soft Drink, 각종 주스, 생수, 우유, 주류 등
- **서비스 기물의 탑재 및 상태 점검** : Tray, Coffee Pot, Ice Bucket, Basket, Service Tong류, Cart Top Holder
- **서비스 용품의 탑재 및 상태 점검** : Paper Cup, Plastic Cup, Muddler, Cream, Sugar, Menu Book, Giveaway, Paper Napkin, Tray Mat, 잡지, 도서 등
- **기내판매 면세물품 인수 및 품목과 수량 확인**

3. Ground 서비스 준비

1) 신문, 잡지 서비스 준비

신문서비스는 Cart를 이용하여 탑승구에 준비하는 경우와 Bridge 연결이 아닌 주기장에서 탑승하는 경우 신문 Cart를 항공기 전방에 준비하는 경우가 있다. 또는 승무원이 직접 서비스해야 하는 경우, 신문 제호가 보이도록 미리 Setting하여 Galley에 비치해 둔다.

신문서비스

잡지서비스

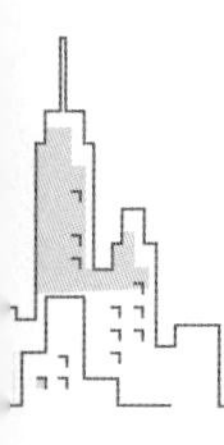

2) 화장실 용품 Setting

화장실 용품 Setting

- 화장품, 칫솔, 생리대, 머리빗 등을 Setting한다.
- Roll Paper는 사용하기 좋게 끝부분을 삼각형으로 접어주며 Kleenex와 Paper Towel은 쓰기 좋게 뽑아 놓는다.

3) 기내서비스 준비

- 각종 기물과 용품을 정리한다.
- 각종 음료와 Beer, Wine, 생수 등을 드라이아이스를 이용하여 Chilling하거나 냉장고가 설치된 항공기의 경우 냉장고에 넣어 Chilling한다.
- Board Music, Air Show 작동상태를 점검한다.

4) 승객 탑승 준비

- 객실의 청소상태를 최종 점검한다.
- 객실의 Overhead Bin은 승객 탑승 시 신속한 탑승과 짐 보관이 용이하게 열어둔다.
- 객실의 모든 준비가 완료되면, 기장에게 탑승완료 준비를 보고한 후 탑승 승인을 득한다.
- 지상직원에게 탑승시작을 알려주고 전 승무원은 담당구역에서 대기한다.
- 승객 탑승 직전 Boarding Music을 은은하게 켜고, Safety Demonstration 상영 전에 끈다.

4. 승객 탑승

승객 탑승은 통상적으로 항공기 출발 30~40분 전에 시작되며, 전 승무원은 각자의 위치에서 승객에게 밝은 미소로 환영인사를 하며 좌석을 안내한다. 탑승 순서는 운송직원의 요청에 의하여 도움이 필요한 승객들이 선탑승한다. 일등석(First Class), 비즈니스석(Business Class) 승객의 경우 전용 탑승구가 있으면 이곳을 이용하며, 전용 탑승구가 없는 경우 일등석(First Class), 비즈니스석(Business Class), 일반석(Economy Class) 순으로 탑승한다.

1) 환영인사 및 좌석 안내

- 탑승이 시작되면 객실장은 탑승구 앞에 위치하여 승객들의 탑승을 안내한다.
- 전방에서 Welcome 인사를 하는 승무원은 항공권 소지 여부와 좌석번호 등을 즉각적으로 확인하여 좌석의 Aisle을 알려주며 원활한 탑승이 이루어질 수 있도록 한다.

Welcome Greeting 인사

- 일등석과 비즈니스석에서는 승객 탑승 시 좌석안내와 함께 승객의 재킷이나 코트 Tag에 좌석번호를 기재한 후 Coat Room에 보관한다.
- 어린이나 노약자, 거동이 불편한 승객에게는 적극적으로 도움을 준다.
- 비상구 좌석에 앉은 승객에게는 비상구 좌석에 대한 브리핑을 하고, 이상이 있을 경우 사무장에게 보고하여 조치하도록 한다.

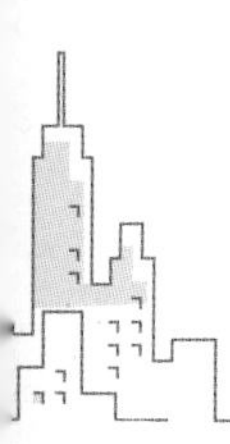

탑승우선순위

1. Stretcher 승객 및 기타 운송제한승객(UM, WCHR, Family Care Service 대상 승객 포함)
   - Stretcher 승객 : 스스로 여행할 수 없는 승객을 대상으로 항공사에서는 항공 침대를 제공하고 있다. 좌석 안내와 수화물 보관에 협조하며, 불편한 점이 없도록 수시로 확인한다. 반드시 의사나 보호자가 동반하여야 하며, 성인 6명의 요금을 지불해야 한다.
   - UM(Unaccompanied Minor) : 생후 5세 이상~만 12세 미만의 소아가 성인의 동행 없이 혼자 여행하는 경우를 말하며, 탑승 시 불안해 할 수 있으므로 밝은 미소로 안내를 하며, 수화물 정리를 도와주도록 한다.
   - Wheelchair 승객 : 이동은 가능하지만 승무원의 도움이 필요한 승객이므로 비행 중 지속적으로 관심을 가지고 불편한 점이 없도록 한다. 기내에 탑재되어 있는 On-board Wheelchair에 대한 정보를 미리 제공해 주며 필요시 담당승무원에게 요청할 수 있도록 한다.
   - Blind 승객 : 시각장애인의 경우 동반 탑승자가 있을 경우 일반 승객과 동일하나 안내견만 동반하거나 혼자 탑승할 경우 탑승안내부터 객실시설 사용법까지 안내해야 한다.
2. 도움이 필요하거나 노약자, 유/소아를 동반하는 승객
3. VIP(전용출구 사용)
4. First Class 승객(전용출구 사용)
5. Prestige Class 승객(전용출구 사용)
6. Economy Class 승객(뒷좌석 배정받은 승객부터 탑승)
7. Economy Class 승객(앞좌석 배정받은 승객부터 탑승)

운송제한승객(Restricted Passenger Advice: RPA)

- Incapacitated Passenger(환자승객)
- UM(Uncompanied Minor)
- 임산부(임신 32주 이상인 경우)
- Stretcher승객
- Wheelchair Pax(보행장애 승객)
- Deportee(추방자) – Blind(시각장애 승객) – TWOV(Transit Without Visa)

비상구 착석 불가 승객

- 15세 미만이거나 동반자의 도움 없이 탈출구 여는 동작을 할 수 없는 승객
- 글 혹은 그림의 형태로 제공된 비상탈출에 대한 지시를 읽고 이해하지 못하거나 승무원의 구두지시를 이해하지 못하는 승객
- 다른 승객들에게 정보를 적절하게 전달할 수 있는 능력이 부족한 승객
- 일반적 보청기를 제외한 다른 청력 보조장비 없이는 승무원의 탈출지시를 듣고 이해할 수 없는 승객
- 비상구열 좌석규정을 준수할 의사가 없는 승객

탑승 시 불편사항 대처

- **좌석 중복** : 정중히 사과하고 객실장에게 보고하여 승객을 Jump Seat로 안내한다. 객실장은 지상직원을 통하여 좌석 재배정을 받아 승객을 안내하도록 한다.
- **좌석을 옮기려 하는 경우** : 좌석의 여유가 있어도 탑승권에 지정된 좌석에 착석하도록 한 후, 탑승이 완료된 뒤에 다시 확인하도록 한다. 좌석을 옮길 시에는 타 승객들이 불편해 하지 않도록 하여 좌석을 재배치해서 안내해 드린다.
- **비상구 주변이나 통로에 수화물을 놓으려 하는 경우** : 승객에게 안전상의 이유를 충분히 설명하여 Overhead Bin이나 좌석 밑에 보관하도록 한다.
- **초과휴대수화물 소지의 경우** : 기내 반입이 불가함을 승객에게 설명하고 지상직원을 통하여 화물칸으로 탑재 조치한다.

2) 승객 수화물 안내

- 객실승무원은 승객 탑승 시 승객의 짐을 적정 장소에 보관할 수 있도록 안내 및 협조 업무를 수행한다.
- 휴대 수화물은 승객이 직접 관리하고, 분실이나 파손의 책임은 승객에게 있다. 부득이 승무원에게 보관을 부탁한 수화물은 승객 하기 시 승객에게 정확하게 인도한다.

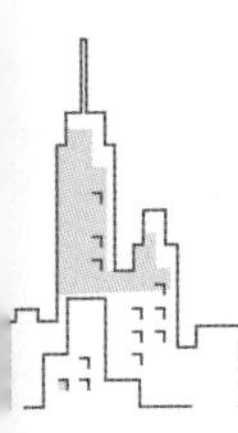

- 승객의 안전을 위하여 승무원은 수화물 보관상태를 철저히 확인한다.
- 기내 반입된 수화물 중 가벼운 물건은 Overhead Bin, 무거운 물건이나 깨지기 쉬운 물건은 앞좌석 밑에 보관한다. 부피가 큰 물건은 Coat Room에 보관하는데, 가급적 승객이 직접 보관하고 비행 중 승객이 관리할 수 있도록 하는 것이 좋다.
- 초과 수화물 발생 시 운송직원에게 조치를 부탁하여 일반 화물로 보내도록 한다.
- 비상구나 통로는 비상사태 발생 시 탈출에 방해가 되지 않도록 승객의 짐이 방치되지 않도록 관리한다.

수화물 규정

1. 무료휴대수화물

- 승객이 기내로 반입하는 수화물
- 기내선반이나 앞좌석 밑에 보관할 수 있는 크기와 무게의 물품으로 승객이 직접 보관 및 관리
- 무료 휴대수화물 허용량 : EY/C는 3면의 합이 118cm 이내 1개, F/C와 B/C는 2개 허용

2. 제한적 기내반입 가능 품목

- 무료 휴대수화물 외에 코트, 서류가방, 핸드백, 소형악기, 목발 등은 무료 휴대수화물에 추가 허용
- 소량의 개인용 화장품, 용기당 0.5kg의 향수, Hair Spray, 1개 이하의 라이터 및 성냥 등 반입가능
- 여행 중 필요한 의약품, 항공사 승인을 받은 의료용품, 드라이아이스 등 기내반입 휴

대수화물 규격을 초과하는 의료용 수송Unit, Incubator 등은 사전 절차에 의거하여 반입 가능

3. 위탁수화물 탁송 제한 품목(휴대만 가능)

- Fragile Item, 부패성 물품, 현금, 수표, 보석류, 유가증권, 견본, 업무서류, 계약서 및 기타 귀중품은 필요시 승객이 직접 휴대토록 안내
- 이러한 물품의 파손 또는 분실 시 항공사는 책임을 지지 않는다.

4. 기내 휴대 제한 품목(SRI: Security Removed Items)

- 기내 승객 및 승무원의 안전을 위해 칼, 가위, 송곳, 건전지, 공구 등의 품목은 승객이 기내로 휴대할 수 없다.
- 수속 시 위탁수화물에 포함하여 운송토록 안내

기내 휴대 제한 품목

5. Ground 서비스

1) 신문, 잡지 서비스

Bridge 접속 부분이나 항공기 전방에 Serving Cart를 이용하여 신문의 제호가 보이도록 비치한 후 탑승 시 승객이 직접 고를 수 있도록 한다. 노선 및 클래스에 따라 승객 70% 이상 탑승 후 승무원이 손에 들고 직접 서비스하기도 한다.

탑승 후 추가로 신문을 원하는 승객을 위해 소량의 신문을 Galley 안에 보관해 둔다. 신문의 양이 부족하거나 찾는 신문이 없을 경우에는 승객의 의향을 물어 다

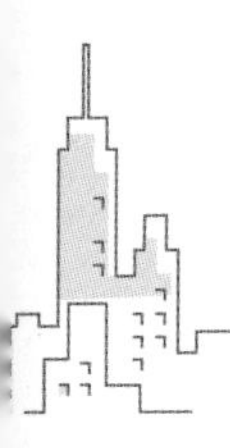

른 승객이 보신 신문을 수거하여 깨끗한 상태로 재서비스한다.

2) Earphone 및 개인용품 서비스

승객들이 비행 중 엔터테인먼트 서비스를 즐길 수 있도록 Earphone을 나누어 주도록 한다. 좌석등급 및 항공기에 따라 좌석 앞주머니에 미리 배치된 경우도 있다. 또한 개인용품이 필요한 승객의 경우 필요한 물품을 서비스한다.

3) Welcome Drink 서비스

일등석과 비즈니스석에서는 승객이 좌석에 착석한 후 Welcome Drink를 제공한다.

4) 수화물 보관안내

방송 담당 승무원은 수화물 낙하 방지를 위한 안내방송을 두 차례 한다. 만일의 경우에 대비하여 비상구 좌석에는 수화물이 방치되지 않도록 안내한다. 탑승이 완료되면 Overhead Bin을 닫는다.

승무원은 수화물이 적절한 장소에 보관될 수 있도록 안내하며, 노약자나 어린이를 동반한 승객이나 도움을 요청하는 승객에게는 적극적인 도움을 준다.

6. Ship Pouch 인수

Ship Pouch는 Door Close 전에 객실장이 지상직원으로부터 인수받는 여객 및 화물 운송관련 Document, Flight Coupon 등을 말하며, 동시에 제한품목, 도착지 입국서류의 탑재여부 및 탑재량을 확인하여야 한다. 또한 지상직원으로부터 탑승한 승객에 관한 정보가 기재된 Special Handling Report를 인수받아, 서비스 수행 시 활용한다.

Special Handling Report(SHR) 기재사항

- 해당 편수, 날짜, 출발지
- Class별 전체 승객 수
- 승객 좌석, 승객 성명, 승객 기념일
- 특별한 서비스 요구사항
- Special Meal에 대한 정보
- 기내판매 사전주문 승객의 이름 및 좌석번호 등의 정보
- VIP, CIP, UM, TWOV, 환자, 단체 등의 정보
- 남아 있는 빈 좌석번호

1. 승객관련 정보

- VIP, CIP : 대내외 귀빈
- TWOV : Transit Without Visa
- UMNR : Uncompanied Minor
- WCHR : Wheelchair Passenger
- GTR : 공무상 여행을 하는 공무원
- SUBLO : Discount Ticket 소지자로서 필요할 때 하기시킬 수 있는 승객
- NOSUB : Discount Ticket 소지자이나 일반승객과 동일한 권리가 있는 승객

2. Meal관련 정보

- VGML : Vegetarian Meal
- HNML : Hindu Meal
- KSML : Kosher Meal
- MOML : Moslem Meal
- BBML : Baby Meal
- CHML : Child Meal
- NSML : No Salt Added Meal
- DBML : Diabetic Meal

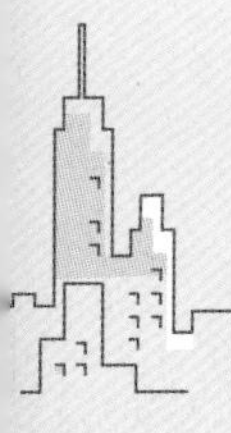

7. Door Close 및 기내방송

1) Door Close

승객의 탑승이 완료되면, 수화물의 정위치 보관과 선반의 닫힘상태, 좌석벨트 착용여부를 확인한다.

객실사무장은 지상직원으로부터 승객과 화물, 운송관련서류(Ship Pouch), 입국서류를 인수받고, 지상직원으로부터 받은 항공기 탑승인원을 기장에게 보고하여 탑승이 완료되었음을 알린다. 기장의 동의하에 항공기 출입문을 닫음을 알리는 방송을 실시한 후 출입문을 닫는다.

Door Close 전 확인사항

- 승무원 및 승객의 수 확인
- Ship Pouch의 이상 유무 확인
- 추가 탑재 요청 서비스품목 확인
- Weight & Balance의 Cockpit 전달 확인
- 지상직원(운송직원, Catering직원, 정비사)의 잔류여부 확인
- 출항 허가서류 확인(G/D, P/M, C/M)

2) Safety Check

Safety Check는 비상시 대처할 수 있도록 Door Close 후 사무장의 지시에 따라 각 Door별로 담당 승무원이 Slide Mode를 자동(공중/Armed) 위치로 변경하는 것을 말한다. Door Close 직후 항공기가 이동하기 전 사무장은 PA를 통해 항공기 Slide Mode의 변경을 위해 Safety Check방송을 한다. Slide Mode 변경 후 L Side, R Side 승무원이 상호 점검하여 객실사무장에게 PA를 통해 최종 전달한다.

Safety Check를 한 후 사무장은 승객들에게 출발 준비가 완료되었음을 알리고

좌석벨트 착용과 휴대폰 사용 금지에 관한 방송을 실시한다. 객실 ALL ATTENDANT CALL을 통하여 Safety Check를 확인한 후 기장에게 "Push back" 준비가 완료되었음을 보고한다.

Slide Mode

- **정상위치(Disarmed Position)** : Door Open 시 Slide가 팽창되지 않는 상태
- **팽창위치(Armed Position)** : 비상탈출 시 문을 개방하면 Slide가 자동으로 팽창되어 펼쳐지는 상태

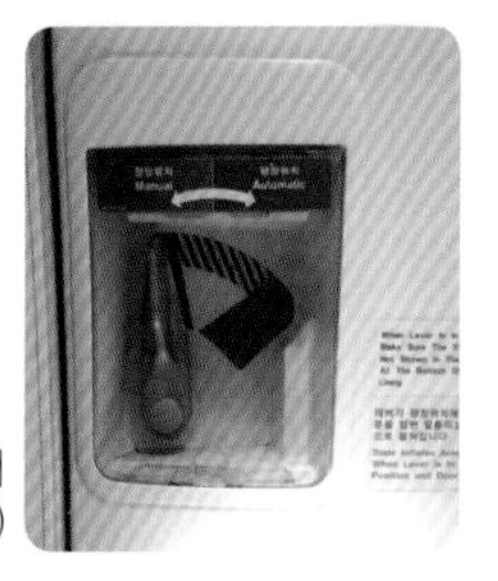

정상위치
(Disarmed Position)

"Push back" 준비 완료 시 체크사항

- 비상구 좌석 착석상태
- 비상장비 점검상태
- 휴대수화물의 정위치 보관과 Overhead Bin의 닫힘상태
- Serving Cart의 정위치 보관
- 승객의 착석 및 좌석벨트 착용상태
- Seat Back, 개인용 모니터 Tray Table, Foot Rest의 원위치 여부
- 모든 Door의 닫힘상태 및 Slide 변경

3) Welcome 방송

Safety Check가 끝나고 방송 담당 승무원이 방송을 실시하면 전 승무원은 해당 Door Side에서 담당구역의 승객들을 향해 인사를 실시한다.

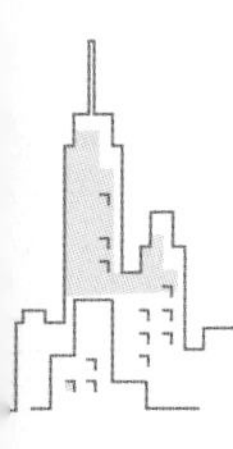

Welcome 방송의 내용

- 인사
- 비행편명, 목적지, 비행시간
- 기장 및 객실사무장 소개
- 좌석벨트 착용 안내
- 등받이, 테이블, 팔걸이, 발받침 원위치
- 금연 안내
- 전자기기 사용제한

8. Safety Demonstration

비행 중 발생할 수 있는 비상사태에 대비하여 모니터를 통한 영상이나 객실승무원들의 실연으로 Safety Demonstration을 실시해야 한다. 이는 항공 규정에 의한 항공사의 의무 규정이다.

Safety Demonstration 내용

- 금연
- 좌석벨트 사용법
- 비상탈출구 위치
- Life Vest의 위치 및 사용법
- 산소마스크 위치 및 사용법
- 전자기기 사용금지 안내

전자기기 사용에 대한 규정

1. **기내 사용 가능한 품목** – 보청기, 전자혈압계, 인공호흡기 등 개인 의료장비
2. **이착륙 시 사용 불가능한 품목** – CD Player, MP3 Player, 개인용 컴퓨터, 전자게임기, 비디오 카메라, 비디오 레코더 및 재생장치, 디지털 카메라, 전기면도기
3. **기내에서 사용 불가능한 품목** – 휴대용 전화기, 송수신 기능이 있는 무전기, 무선 조종 장난감, AM/FM 라디오, 휴대용 TV 등

이착륙 시 사용금지 품목

비행 중 사용금지 품목

9. 이륙 준비 및 승무원 착석

1) 이륙 준비

이륙 전 전 승무원은 담당구역별로 비행안전에 대비하여 아래 사항을 최종 확인 및 점검한다.

- 승객의 착석, 좌석벨트 착용상태, 좌석 등받이, Tray Table, Arm Rest 등의 정위치 상태 점검
- Door Side 및 Aisle의 Clear상태 점검
- Overhead Bin Close상태 점검

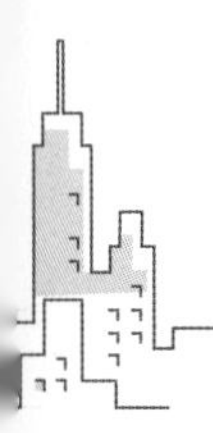

- 승객 휴대 수화물 및 유동물건 고정
- Galley 점검
- 화장실 점검
- 객실조명 조절

2) 승무원 착석

전 객실승무원은 자신이 담당구역으로 지정된 Jump Seat에 착석하여 이륙에 대비하고 이륙 시 30 Seconds Review를 실시한다.

Jump Seat 착석 시 승무원의 준비자세

- 좌석벨트를 허리 아래쪽으로 고정시킨다.
- Should Harness를 착용한다.
- 발바닥을 바닥에 붙인다.
- 양손의 손바닥을 위로 향하게 하여 다리 밑에 깔고 앉는다.
- 30 Second Review를 실시한다.

✓ 30 Seconds Review

항공기의 사고시간대를 분석해 보면 이륙 후 3분과 착륙 8분 사이에 발생하는 경우가 78%에 해당하며 이런 결정적 순간을 Critical 11이라고 한다. 30 Seconds Review는 이 착륙 시 만약의 사태에 대비하여 발생 가능한 비상사태를 가상하고 그때 객실승무원이 취해야 할 행동을 약 30초 동안 구체적으로 Review하여 사고 발생 시 대처능력을 높이기 위한 것을 말한다.

– Review할 내용

- 충격방지 자세의 명령 : 비상시 승객의 위험을 최소화하기 위해 몸과 머리를 숙이는 자세를 취한다.
- 비상장비의 위치와 작동법
- 비상구 위치와 작동법
- 비상탈출 순서
- 비상탈출 시 도움을 줄 수 있는 승객
- 비상시 도움을 필요로 하는 승객

제 3 절 이륙 후 업무

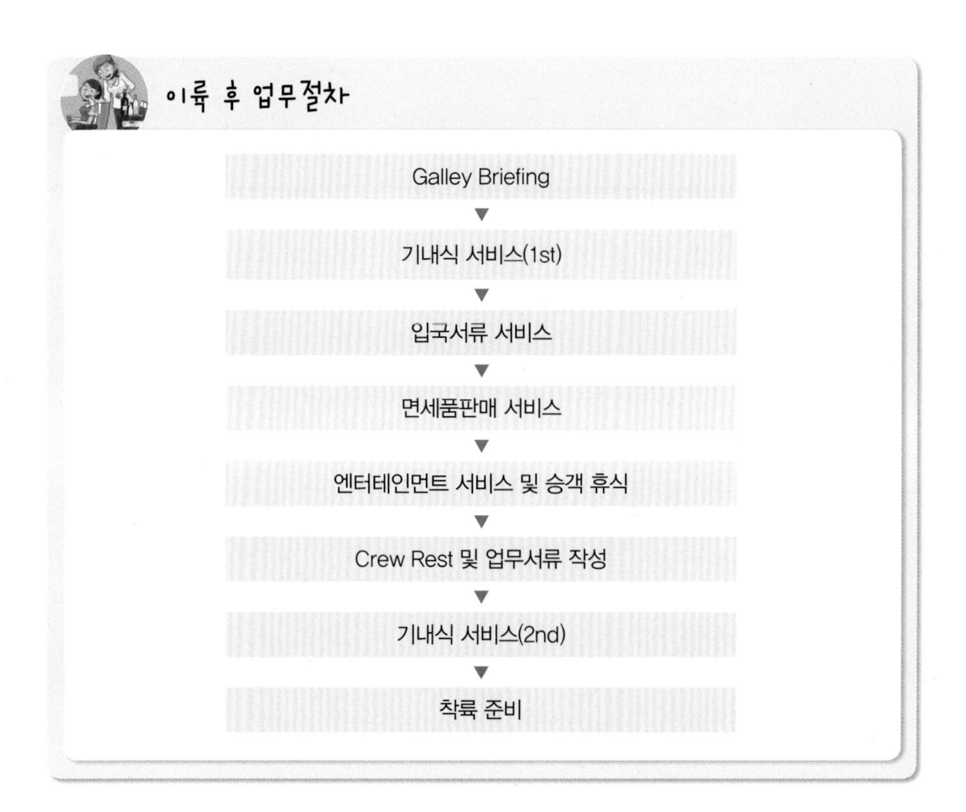

1. Galley Briefing

항공기가 적정고도에 이르러 Fasten Seatbelt Sign이 꺼지면 객실승무원은 서비스 업무를 시작한다. 기내서비스가 시작되기 전 서비스 담당 Galley에 모인 객실승무원들은 기내서비스 복장을 착용하고 기내서비스를 위한 Galley Briefing을 실시한다. 상위 Class에서는 Class의 Senior가 주관하고, 일반석에서는 Galley담당 승무원이 주관하여 실시한다.

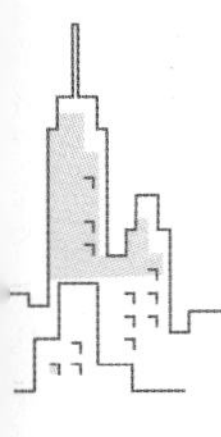

Galley Briefing의 내용

- 탑승객 정보(탑승객 수, 정보 및 특이사항)
- 기내식 내용 및 수량
- Special Meal의 내용, 수량 및 서비스 방법
- 일반기내식 서비스 방법 및 순서
- 기내서비스 시 유의사항 및 특이사항

2. 기내식 서비스(1st)

기내식 서비스 순서

- Menu Book
- Towel
- Aperitif(식전음료)
- Meal Tray
- Wine & Water Refill
- Coffee, Tea
- Meal Tray 회수

1) Menu Book 서비스

중장거리 노선에서는 기내식 서비스 전 Menu Book을 제공한다. 객실승무원들은 Menu Book을 참고하여 조리방법과 내용을 숙지하고 승객에게 안내할 수 있도록 한다.

2) Towel 서비스

Towel은 일반적인 Cotton Towel과 일회용 물수건인 Disposable Towel이 서비스된다. Heating Towel의 경우 손님들에게 뜨겁다는 것을 인지시킨 후 서비스하도록 한다. 회수 시에는 승객이 직접 Basket에 담게 하거나 Tong을 이용하여 회수한다. 서비스 전 반드시 습도, 냄새, 청결상태, 온도 등을 확인하며, Towel Tong을 이용해 회수한다. 타월제공 전 Eau De Toilette을 뿌린다.

3) Aperitif 서비스

Aperitif는 식전에 위액의 분비를 촉진하여 식욕을 자극하는 개념으로서 출발시간, 비행시간, 노선에 따라 Tray에 올리거나 탑재된 Liquor Cart 또는 Serving Cart에 Setting해서 서비스한다. Galley 담당 승무원은 음료서비스 전 주스류나 맥주, 생수 등 차게 제공되어야 할 음료를 Chilling하여 차게 준비해 놔야 한다. 아침식사가 제공되는 경우, Hot Beverage를 준비한다.

✓ Liquor Cart

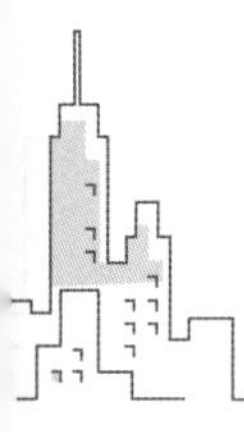

4) Meal Tray 서비스

- 일등석(First Class), 비즈니스석(Business Class)의 경우 3~4 Choice Entree를 제공하고, 일반석(Economy Class)의 경우 2 Choice Entree를 제공한다(단거리 노선 제외).
- 기내식 제공 전 Entree가 식지 않도록 적절한 시점에 Heating을 시작하며, 제공될 식사의 메뉴와 조리법을 미리 숙지해 둔다.
- Meal 서비스는 일등석(First Class), 비즈니스석(Business Class)의 경우 코스별로 진행되며 일반석(Economy Class)의 경우 Pre-Setting된 Tray로 서비스된다.
- Meal Tray에 빵이 있는 경우 Entree만 Heating하여 Tray Setting한 후, Meal Cart 상단에 와인과 각종 음료, 생수, 소스류 등을 Setting한다.
- 빵이 Bulk로 탑재된 경우 빵을 Heating하여 Bread Basket에 Linen을 깔고 빵을 Setting한 후 Bread tong으로 Meal Tray를 서비스할 때 제공한다.
- 식사서비스를 시작하기 전 승객의 Tray Table을 편다.
- Spacial Meal은 일반 Meal보다 우선적으로 승객에게 제공한다.
- 각 Zone의 승객 수 및 승객 성향을 고려하여 Menu별 승객의 주문을 유도하여 부족하지 않도록 한다. 만약 승객이 원하는 Meal이 선택 불가능할 경우 정중히 양해를 구하고 다른 메뉴를 제공한다.
- Meal 서비스와 동시에 Wine과 음료는 주문을 바로 받아 제공한다.
- 양쪽 Aisle의 Meal 서비스가 비슷하게 끝날 수 있도록 Galley 담당 승무원은 Support하도록 한다.
- 식사 서비스 시 취침 중인 승객은 깨우지 말고, Service Tag을 이용, 식사를 제공하지 못하였으나, 차후에 취식 가능함을 알려준다.

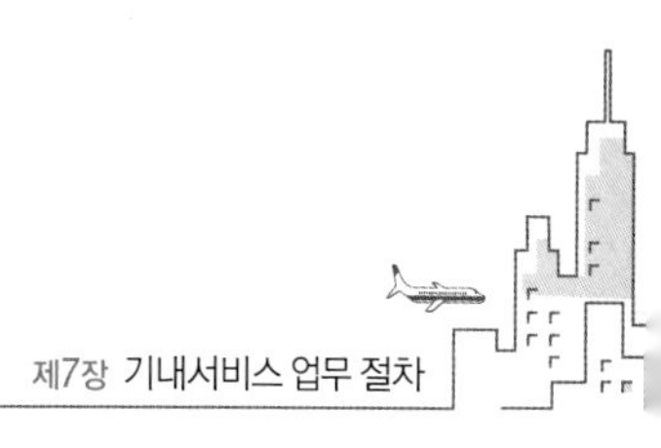

5) Wine & Water Refill 서비스

- Meal Service 후 Meal Cart를 원위치에 정리하고, Wine과 Water를 Refill 서비스한다.
- 물과 와인이 1/3 이하로 남아 있을 경우 Refill하며, 승객에게 적극적으로 권유하여 충분히 제공한다.
- Galley 담당 승무원은 Refill 서비스를 하는 동안에 Coffee/Tea 서비스를 준비하도록 한다.

6) Coffee/Tea 서비스

- Coffee는 신선도와 향을 위해 서비스 직전에 Brew하여 뜨겁게 제공한다.
- Coffee 서비스 시 Half Size Tray에 설탕 및 크림을 준비한다.
- Black Tea 서비스 시에는 Lemon Slice도 함께 준비한다.
- 반드시 2회 이상 Refill 서비스를 하여 충분히 제공한다.
- Coffee/Tea 서비스는 뜨거운 물을 다루므로 승객이 화상을 입지 않도록 각별히 주의한다.

7) Meal Tray 회수

- Meal Tray 회수는 승객의 90% 이상이 식사를 끝냈을 때 시작한다.
- Meal Cart 상단에 M/Water와 Plastic Cup을 setting하여 요청하는 승객에게 제공한다.
- Meal 서비스와 동일한 Flow로 회수하며, 회수 시 지저분한 승객 Table은 Towel로 닦아드린다.
- 회수한 Tray Cart의 상단부부터 넣는다.
- Meal Tray 회수가 종료되면 Aisle 및 화장실 청결에 유의한다.

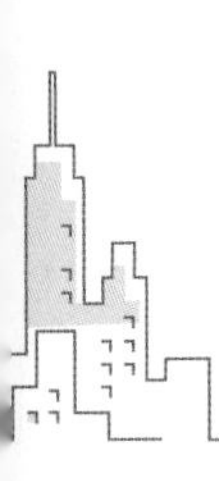

3. 입국서류 서비스

기내식 서비스 후 승객의 입국에 필요한 서류를 배포하고 작성을 도와준다. 통상적으로 서류는 입국카드와 세관신고서이며, 승객의 여행상태 및 수화물의 종류 등을 참조하여 정확하게 작성할 수 있도록 한다.

객실승무원들은 비행 전 도착지 국가의 출입국 규정을 숙지하여 승객에게 정확한 정보를 제공한다. 특히 노약자나 UM 등의 서류 작성에 적극 협조한다.

4. 면세품판매 서비스

- 면세품판매 서비스는 Cart에 Setting해서 판매하는 방법과 좌석 앞 Pocket 내 주문서를 이용하는 방법이 있다.
- 면세품 판매 시에는 조명을 약간 밝게 하여 휴식을 취하는 승객에게 방해가 되지 않도록 주의하고, 객실 내 서비스 공백이 생기지 않도록 유의한다.
- Cart를 이용하는 경우 물품을 봉투에 넣고 계산방법이 Cash인지 Credit Card인지 묻는다. Cash의 경우 지불 화폐에 대하여 묻고 환율에 맞게 대금계산을 정확히 한 후에 거스름돈과 물품을 전달한다.
- 사전주문제도로 물품을 예약한 승객에게 주문여부를 확인한 후 판매담당자에게 전달한다.

기내면세품 사전 주문서

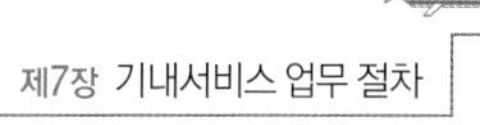

✓ 기내면세품 탑재

▶ 기내면세품 책자

5. 엔터테인먼트 서비스 및 승객휴식

기내 면세품판매 서비스 후 영화상영 및 Air Show 등 항공사마다 차별화된 오락 프로그램을 제공하고, 승객들은 개인시간을 가지며 편안한 항공여행을 즐기게 된다. 최근 신기종의 전 좌석에는 개인용 모니터가 장착되어 있어 승객이 원하는 엔터테인먼트를 선택하여 즐길 수 있다. 이때 객실승무원은 객실의 담당구역을 순회하며 승객에 따라 음료 제공이나 편안한 취침을 위한 서비스 등을 제공한다.

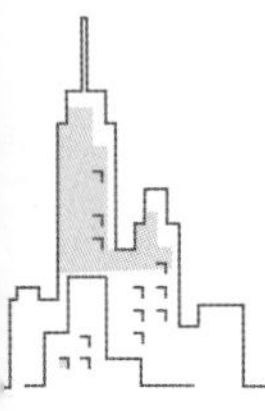

Walk around

- 승객이 휴식을 취하는 동안 객실승무원들은 정기적으로 담당 Zone을 순회하며, 객실의 안전과 쾌적성을 유지하고 승객의 요구를 즉시 해결한다.
- 매 15분 간격으로 객실을 순회하며 승객들에게 적극적인 Personal Touch를 한다.
- 객실을 순회하며 갑작스런 환자 발생 및 화재 발생을 예방한다.
- 수시로 음료나 베개, 담요 등 서비스물품을 필요로 하는 승객에게 제공한다.
- 객실의 쾌적성을 유지하기 위해 조명 및 온도, 객실의 청결상태를 점검하고 관리한다.
- 승객들의 편안한 휴식을 위하여 소음이 나지 않도록 유의한다.

6. Crew Rest 및 업무서류 작성

1) Crew Rest

비행 10시간 이상의 장거리 노선의 경우에는 승객들의 Meal 서비스가 끝난 후 승무원들은 각자의 Galley에서 탑재된 Crew Meal로 교대로 식사를 하게 된다. 식사 후 2개조로 나누어 2차 기내식 서비스 준비시간 전까지 Crew Rest를 가지게 된다.

Crew Rest는 일반석 뒤쪽에 Block되어 있는 좌석들을 사용하거나 Crew Bunk가 있는 기종에서는 이를 사용한다.

2) 업무서류 작성

- Inventory List 작성 : Inventory List는 서비스 용품의 잔량을 확인하여 입국편 비행의 서비스 재고 부족을 방지하기 위하여 현지 도착 후 부족한 물품을 주문하는 것을 말한다. 모든 서비스 물품에 대하여 작성하게 되어 있다. Inventory List는 모든 서비스가 끝난 후 최종 점검하여 확정하는 것이 좋다.

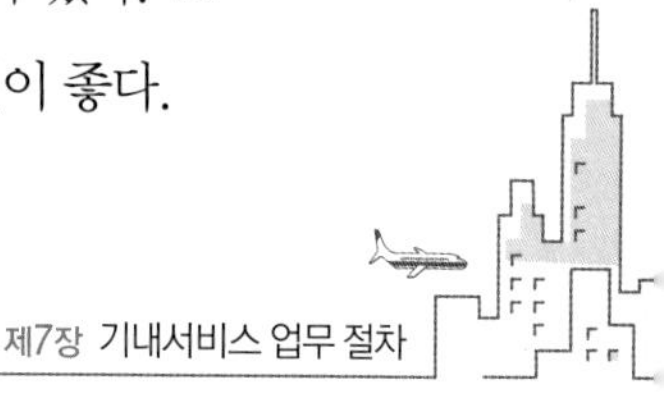

- 입국편 승무원 Letter 작성 : 사용하던 Headphone Setting 위치, 물품 위치, 기물 위치, 고장난 부분 등에 대하여 정확하게 기재하여 입국편 승무원들이 교대하여 비행준비를 할 때 혼동하지 않도록 정보를 알려주는 Letter를 작성한다.

7. 기내식 서비스(2nd)

2차 기내식 서비스는 비행소요시간 6시간 이상 Flight에 제공되며 서비스 방법은 1차 기내식 서비스와 동일하다.

8. 착륙 준비

- 착륙 안내 방송 실시
- 안전관련 업무 수행
- 승객의 입국서류 재확인
- 승객 Coat 및 물품 반환
- 기내도서, 잡지 등 서비스 물품 회수 보관
- Headphone 회수 및 보관
- 서비스 용품 정리
- 입항 서류 작성 확인
- 승객의 착석, 좌석벨트 착용상태, 좌석 등받이, Tray Table, Armrest 등의 정위치 상태 점검
- 착륙 시 시야 확보를 위해 객실 조명을 조절
- 승무원 착석 및 30 Second Review를 실시

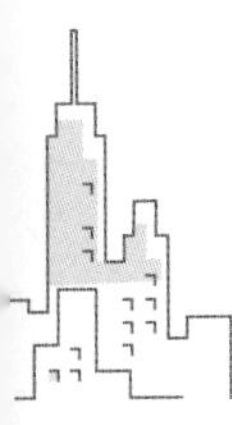

제 4 절 착륙 후 업무

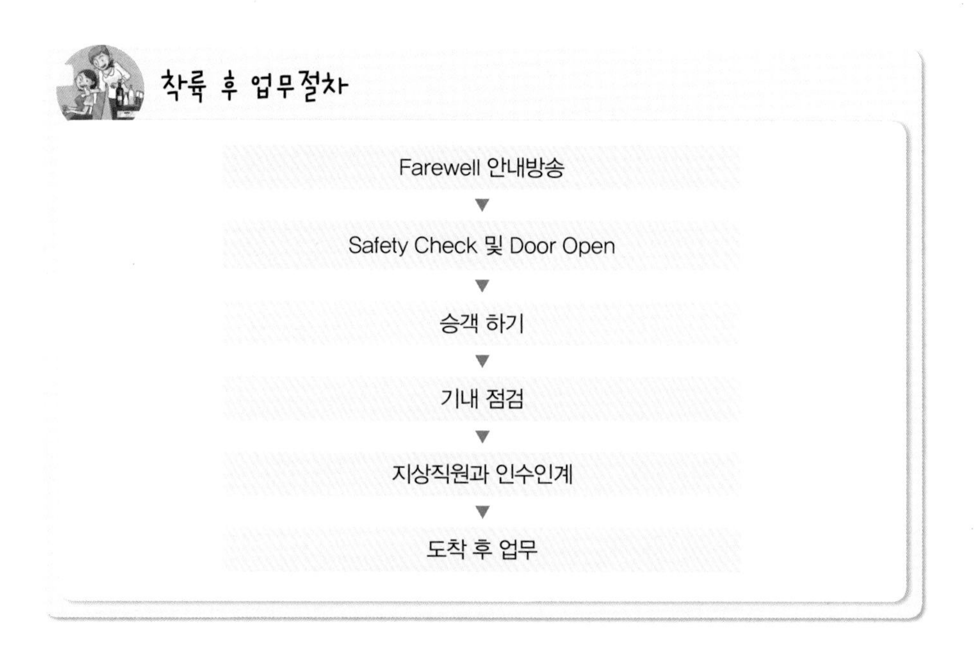

1. Farewell 안내방송

- 착륙 후 방송 담당자는 엔진의 역회전(Engine Reverse)이 끝난 시점에 Farewell 안내방송을 실시한다.
- Taxing 중 전 승무원은 착석을 유지하고 승객들도 안전을 위하여 반드시 착석을 유지하도록 안내한다.

2. Safety Check 및 Door Open

- 항공기가 완전히 멈춘 후 좌석벨트 표시등이 꺼지면 사무장의 지시에 따라

Safety Check를 한다.

- 객실사무장의 방송에 맞추어 전 승무원은 Slide Mode를 정상위치로 변경한다.
- Door를 열기 전 Slide Mode의 정상위치와 Seat Belt Sign Off를 한 번 더 확인한 후 객실사무장은 지상직원의 Door Open 허가 Sign을 주어 지상직원이 Door를 Open하도록 한다. (도착 시 항공기의 문은 비상사태의 경우를 제외하고는 외부에서 열도록 규정되어 있다.)
- Door Open 후 객실사무장은 지상직원에게 Ship Pouch를 인계하고, 특별승객이나 운송제한승객 등에 대한 정보를 전달한다.
- C.I.Q 관계기관 직원에게 입항서류를 제출하고, 검역 또는 세관의 하기 허가가 필요한지 확인한다.
- 공항 당국의 하기 허가를 얻은 후 객실사무장은 승객 하기 방송을 실시한다.
- Step Car를 이용한 하기 시에는 안전사고 발생에 유의하는 방송문을 실시한다.

3. 승객 하기

- 승객 하기 시 객실승무원은 각 구역별로 서서 승객에게 인사를 하며 승객의 하기에 도움을 준다.
- 하기 순서가 지켜지도록 Curtain을 이용하여 하기를 유도한다.

승객 하기 순서

응급환자 → VIP, CIP → 일등석 승객 → 비즈니스 승객 → U/M → 일반석 승객 → 운송제한승객 → Stretcher 승객

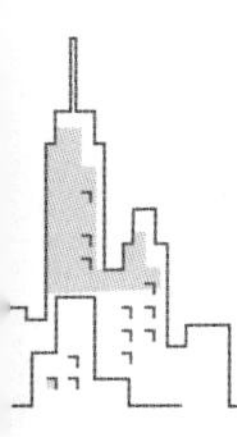

4. 기내 점검

- 남아 있는 승객이 없는지 확인한다.
- 좌석 주위, Seat Pocket, Coat Room, 화장실 내에 승객이 두고 간 짐이 있는지 확인하며 Overhead Bin은 모두 열어 확인한다.
- 유실물 발견 시 객실장에게 보고하고 객실장은 도착지 운송직원에게 인계한다. 객실장은 유실물의 내용, 형태, 개수, 발견 장소, 인계직원의 인적사항을 Purser's FLT Report에 기재한다.
- Slide Mode를 재확인한다.
- 업무보고 및 Logging한다.

5. 지상직원과 인수인계

- 서비스 물품은 기내 지정된 위치 및 탑재원에게 최종적으로 인계한다.
- Liquor는 Liquor Cart나 Carrier Box에 넣어 Seal하고 'Liquor Seal Number 인수인계서'를 작성하여 탑재원에게 인계한다.
- 기물은 서울 출발 때 탑재된 Cart나 Carrier Box에 보관한다.
- 기내 비치용 기물을 제외한 모든 서비스 용품은 하기가 용이한 위치에 보관한다.
- 기내 판매 담당 승무원은 기내판매품 잔량을 기록한 서류에 의거하여 기판담당 지상직원에게 정확히 인계한다.

6. 도착 후 업무

- Flight Coupon 인계
- 기판대금 반납
- 사무장 도착보고 및 필요시 Debriefing 실시

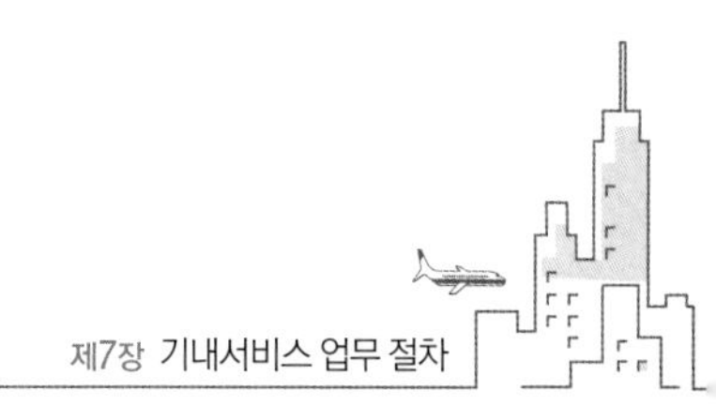

Debriefing

입국사열을 마치면 업무는 종료된다. 종료 후 사무장은 필요시 Debriefing을 주관하여 실시할 수 있으며, 그 내용은 해당 비행편에 대한 Feedback으로 기내서비스 시 발생한 제반 문제점에 대한 내용이며 업무 개선에 초점을 맞추어 간략하게 실시한다.

✓ 국내선 기내서비스 절차

시점	방송	서비스 절차
비행 전	PA test	• 비상 및 보안장비 점검 • 서비스 물품 점검 • 기타 장비 점검 • 서비스 준비
승객 탑승	• 탑승편 안내방송 • Slide Mode 변경 방송 • Welcome 방송 • Safety Demonstration 방송	• 탑승 인사 • 좌석 안내 및 짐 정리 안내 • 신문서비스 • Ship Pouch 인수 • Door Close 및 Slide Mode 변경 • Safety Demonstration • Light 조절(Dim)
이륙 전/ Take off	• Take off 방송	• 승객 좌석벨트 착용 확인 • Seat Back, Tray Table 등 원위치 • Galley, Lavatory 확인 • 승무원 착석
In Flight	• 좌석벨트 상시착용 안내방송 • Approach 방송 • Landing 방송	• 음료서비스 및 Used Cup 회수 • Walkaround 실시 • 착륙준비(승객 좌석벨트 착용 확인, Seat Back, Tray Table 등 원위치) • Galley, Lavatory 확인 • 승무원 착석
Landing	• Farewell 방송 • Slide Mode 변경방송	• 항공기 정지할 때까지 승객착석 유지 • Slide Mode 변경
하기	• 하기방송	• Ship Pouch 인계 • 하기 인사 • 유실물 확인 및 기내 점검

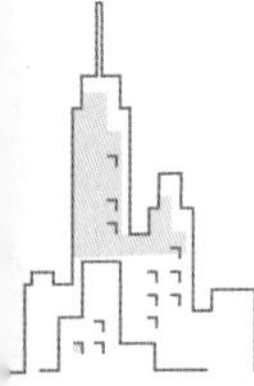

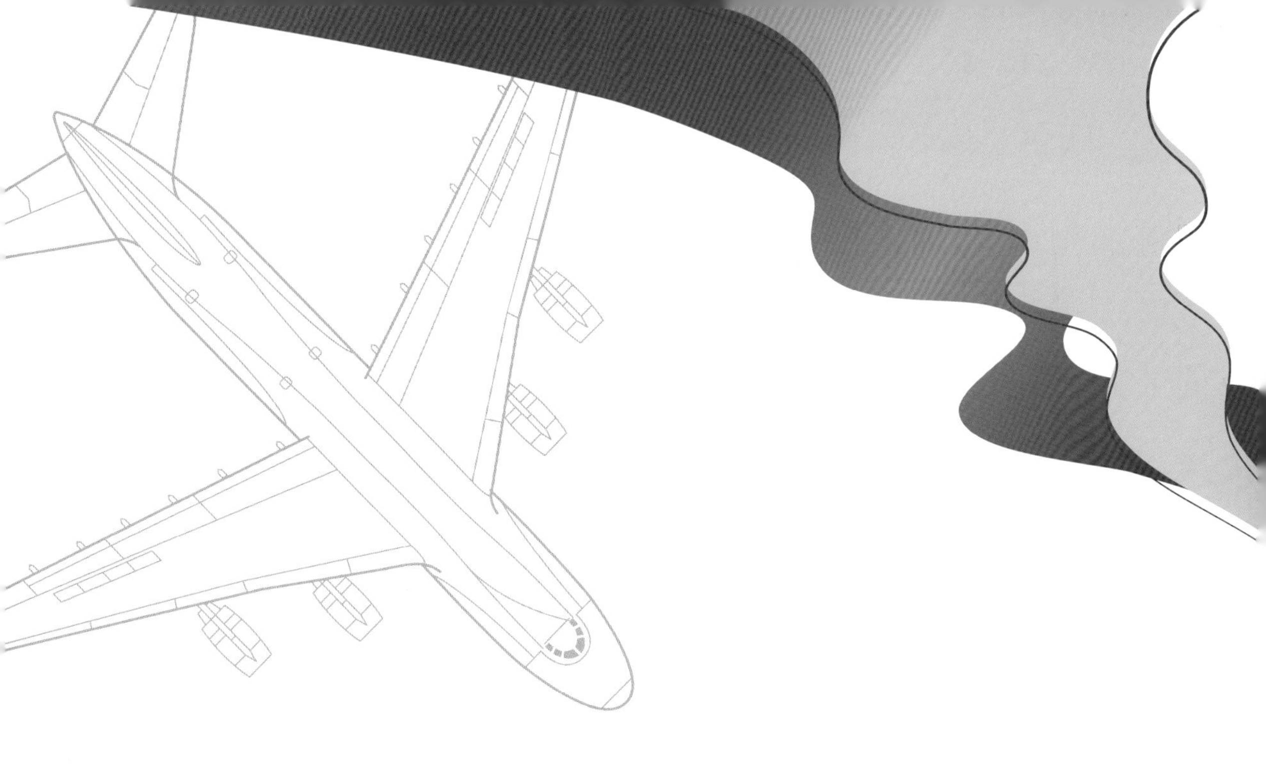

제8장
항공 업무용어 및 약어

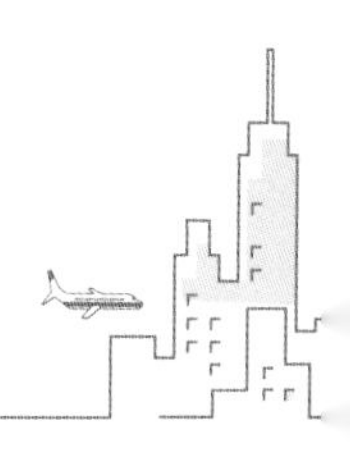

제 8 장 항공 업무용어 및 약어

제 1 절 항공사 Code

1. 국내 주요 항공사 코드

항공사	항공사 코드(IATA)	항공사	항공사 코드(IATA)
대한항공 Korean Air	KE	이스타항공 Eastar Jet	ZE
아시아나항공 Asiana Airlines	OZ	티웨이항공 T'way	TW
제주항공 Jeju Air	7C	진에어 Jin Air	LJ
에어부산 Air Busan	BX		

2. 주요 외국항공사 코드

1) 아시아지역 항공사 코드

항공사	항공사 코드(IATA)	국가
베트남항공 Vietnam Airlines	VN	베트남
말레이시아항공 Malaysia Airlines	MH	말레이시아

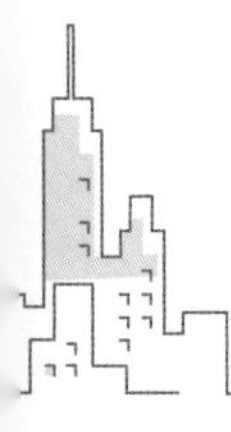

항공사	항공사 코드(IATA)	국가
비즈니스에어 Business Air	8B	태국
타이국제항공 Thai Airways International Public	TG	
가루다인도네시아항공 Garuda Indonesia	GA	인도네시아
싱가포르항공 Singapore Airlines	SQ	싱가포르
세부퍼시픽항공 Cebu Pacific Air	5J	필리핀
필리핀항공 Philippine Airlines	PR	
아스타나항공 Air Astana	KC	카자흐스탄
우즈베키스탄항공 Uzbekistan Airways	HY	우즈베키스탄
인도항공 Air India	AI	인도
일본항공 Japan Airlines	JL	일본
전일본공수 All Nippon Airway(ANA)	NH	
산동항공 Shandong Airlines	SC	중국
상하이항공 Shanghai Airlines	FM	
중국국제항공 Air China	CA	
중국남방항공 China Southern Airlines	CZ	
중국동방항공 China Eastern Airlines	MU	
중화항공 China Airlines	CI	

2) 유럽/러시아지역 항공사 코드

항공사	항공사 코드(IATA)	국가
체코항공 Czech Airlines	OK	체코
에어프랑스 Air France	AF	프랑스
KLM네덜란드항공 KLM Royal Dutch Airlines	KL	네덜란드
핀에어 Finn Air	AY	핀란드
영국항공 British Airways	BA	영국
이베리아항공 Iberia Airlines	IB	스페인
루프트한자 Lufthansa	LH	독일
스위스국제항공 Swiss International Airlines	LX	스위스
오스트리아항공 Austrian Airlines	OS	오스트리아
스칸디나비아항공 Scandinavian Airlines System(SAS)	SK	스웨덴
러시아항공 Russian Airlines	FV	러시아
블라디보스토크항공 Vladivostok Airlines	XF	

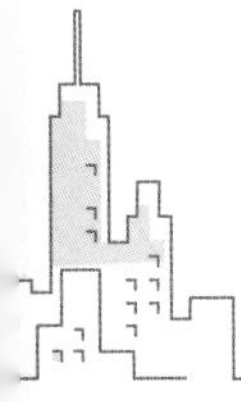

3) 미주지역 항공사 코드

항공사	항공사 코드(IATA)	국가
델타항공 Delta Airlines	DL	미국
아메리칸항공 American Airlines	AA	
유나이티드항공 United Airlines	UA	
하와이안항공 Hawaiian Airlines	HA	
에어캐나다 Air Canada	AC	캐나다
멕시카나항공 Mexicana Airlines	MX	멕시코
아에로멕시코 Aero Mexico	AM	
란항공 LAN Airlines	LA	칠레
탐항공 TAM Airlines	JJ	브라질
콴타스항공 Qantas Airways Limited	QF	호주
에어뉴질랜드 Air New Zealand	NZ	뉴질랜드

제 2 절 공항 및 도시 Code

1. 국내 도시 코드

취항도시/공항이름	3 Letter Code	취항도시/공항이름	3 Letter Code
인천	ICN	김포	GMP
부산/김해	PUS	제주	CJU
광주/광주	KJW	광주/무안	MWX
청주	CJJ	울산	USN
포항	KPO	대구	TAE
군산	KUV	진주/사천	HIN
순천/여수	RSU	원주/횡성	WJU

2. 외국의 주요 도시 코드

1) 아시아지역 주요 도시 코드

국가	취항도시/공항이름	3 Letter Code
일본	도쿄/나리타공항	NRT
	도쿄/하네다공항	HND
	오사카/간사이공항	KIX
	나고야공항	NGO
	후쿠오카공항	FUK
	삿포로/신치토세공항	CTS
중국	상하이/푸동공항	PVG
	베이징/서우두공항	PEK
	광저우공항	CAN
	마카오공항	MFM
	시안/시엔양공항	XIY

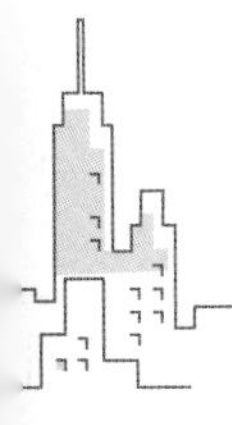

국가	취항도시/공항이름	3 Letter Code
중국	정저우공항	CGO
	톈진공항	TSN
	홍콩첵랍콕공항	HKG
대만	타오위안공항	TPE
몽골	울란바토르/칭기즈칸공항	ULN
캄보디아	프놈펜공항	PNH
베트남	하노이공항	HAN
인도	델리/인디라간디공항	DEL
말레이시아	쿠알라룸푸르공항	KUL
태국	방콕공항	BKK
필리핀	마닐라(니노이아키노)공항	MNL
	세부/막탄공항	CEB

2) 미주지역 주요 도시 코드

국가	취항도시/공항이름	3 Letter Code
미국	시애틀공항	SEA
	샌프란시스코공항	SFO
	로스앤젤레스공항	LAX
	시카고/오헤어공항	ORD
	뉴욕/존F케네디공항	JFK
	디트로이트공항	LGA
	애틀랜타공항	ATL
	마이애미공항	MIA
캐나다	토론토/피어슨공항	YYZ
	밴쿠버공항	YVR
멕시코	베니토후아레스공항	MEX
페루	리마공항	LIM

국가	취항도시/공항이름	3 Letter Code
브라질	상파울로/과룰료스공항	GRU
	리우데자네이루공항	GIG
에콰도르	키토공항	UIO
아르헨티나	부에노스아이레스공항	EZE

3) 유럽지역 주요 도시 코드

국가	취항도시/공항이름	3 Letter Code
영국	런던/히드로공항	LHR
	런던/게트윅공항	LGW
프랑스	파리/샤를드골공항	CDG
	파리/오클리공항	ORY
독일	프랑크푸르트공항	FRA
스페인	마드리드공항	MAD
이탈리아	로마/레오나르도다빈치공항	FCO
러시아	모스크바/도모데도보공항	DME
	모스크바/셰레메티예보공항	SVO
	블라디보스토크공항	VVO
우즈베키스탄	타슈켄트공항	TAS
핀란드	헬싱키공항	HEL
네덜란드	암스테르담/스키폴공항	AMS

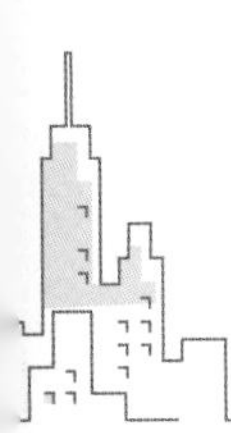

4) 오세아니아/중동/아프리카지역 주요 도시 코드

국가	취항도시/공항이름	3 Letter Code
호주	멜버른공항	MEL
	브리즈번공항	BNE
	시드니공항	SYD
	퍼스공항	PER
뉴질랜드	오클랜드공항	AKL
피지	난디/피지공항	NAN
미국	괌공항	GUM
	사이판공항	SPN
아랍에미리트	두바이공항	DXB
케냐	나이로비공항	NBO
이집트	카이로공항	CAI
이스라엘	텔아비브공항	TLV

제 3 절 항공용어 및 약어

✓ ACL(Allowable Cabin Lord)

객실 및 화물실에 탑재 가능한 최대 중량으로서 이착륙 시의 기상조건, 활주로의 길이, 비행기의 총중량 및 탑재연료량 등에 영향을 받음

✓ Actual Flying Time

실제 비행시간

✓ Address

5자리 혹은 6자리로 구성된 항공예약코드

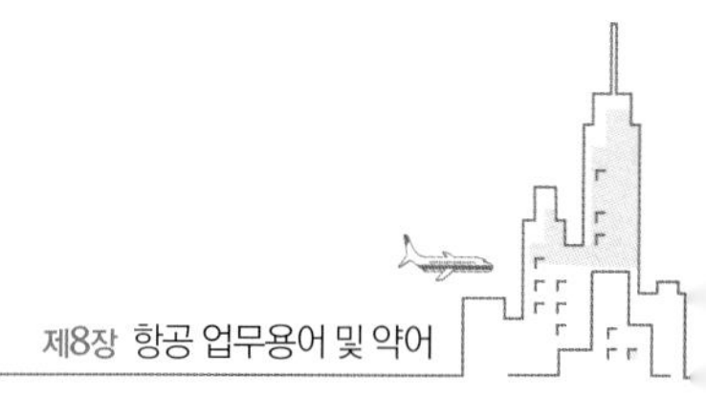

✓ Agent

여행업계에서는 일반적으로 여행업자(Travel Agent) 또는 IATA 공인대리점(Approval Agent)의 의미로 사용된다. 이 대리점(Agent)들이 항공권을 판매한 대가로 항공사로부터 지불받는 수수료가 Agent Commission이다.

✓ Air Tax(Airport Tax)

공항이용료로 Airport Embarkation, Airport Service Charge라고도 한다.

✓ Airline Code

IATA에서 지정한 각 항공사별 Code

✓ Airport Code

전 세계의 공항명을 알파벳 세 글자로 약자화하여 표기하는 공항코드

✓ APIS(Advance Passenger Information System)

출발지 공항 항공사에서 예약/발권 또는 탑승수속 시 승객에 대한 필요 정보를 수집, 미 법무부/세관 당국에 통보하여 미국 도착 탑승객에 대한 사전 점검을 가능케 함으로서 입국심사 소요시간을 단축시키는 제도

✓ ASP(Advance Seating Product)

항공편 예약 시 원하는 좌석을 미리 예약할 수 있도록 하는 사전 좌석배정제도

✓ ATA(Actual Time of Arrival)

실제 항공기 도착시간

✓ ATC Holding(Air Traffic Control Holding)

공항의 혼잡 또는 기타 이유로 관제탑의 지시에 따라 항공기가 지상에서 대기하

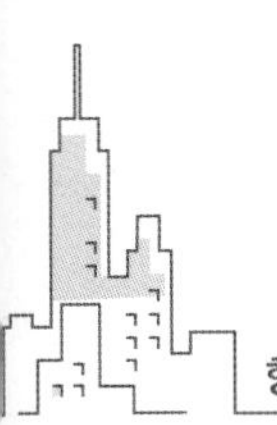

거나 궁중에서 선회하는 것

✓ ATD(Actual Time of Departure)

실제 항공기 출발시간

✓ ATM(Automated Ticket Machine)

자동발권기로서 보통 BSP가입 여행사의 경우 회사 자체적으로 항공권을 발권할 수 있는 ATM 발권기를 가지고 있다.

✓ ATR(Air Ticket Request) **대리점**

여객 대리점 중 담보능력의 부족으로 항공권을 자체적으로 보유하지 못하고 승객으로부터 요청받은 항공권을 해당 항공사의 발권카운터에서 구입하는 대리점을 말한다.

✓ Baby Bassinet

기내용의 유아요람

✓ Baggage Check

항공권의 일부로서 여행객이 예탁수화물의 운송을 약속하고, 그 여행객의 수화물에 대하여 항공회사가 발행하는 수화물증을 말한다.

✓ Baggage Claim Tag

수탁수화물의 식별을 용이하게 하기 위해 항공회사가 발행하는 증표

✓ Block

여행사나 기타 단체에서 호텔의 객실과 항공기의 좌석 등을 한꺼번에 예약하여 좌석을 확보해 두는 것을 말한다.

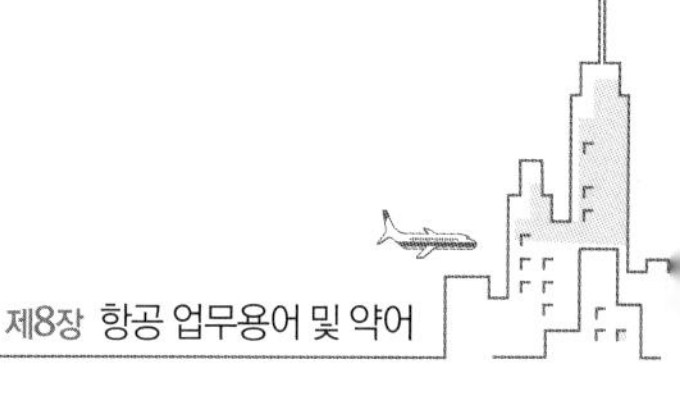

✓ Block Time

항공기가 자력으로 움직이기 시작해서 다음 목적지에 착륙하여 정지(Engine Shut Down)할 때까지의 시간

✓ Boarding Pass

탑승권

✓ Boarding Time

각 항공사 카운터에서 항공권을 탑승권과 교체하여 C.I.Q를 통과한 후 항공기 출발 전에 승객이 기내에 탑승할 수 있는 시간

✓ Booking Class

기내에서 동일한 Class를 이용하는 승객이라 할지라도 상대적으로 높은 운임을 지불한 승객에게 수요 발생시점에 관계없이 예약 시 우선권을 부여하고자 하는 예약 등급

✓ BSP(Bank Settlement Plan)

항공사와 여객 대리점 간의 업무 간편화를 위해 도입된 제도로 다수의 항공사와 다수의 대리점 사이에 은행이 개입하여 중립적인 항공권의 양식을 배포, 판매대금 및 판매 수수료 결제 등의 업무를 담당하는 제도이다.

✓ Bulk Loading

화물을 ULD를 사용하지 않고 낱개상태로 직접 탑재하는 것

✓ C.I.Q(Customs, Immigration, Quarantine)

세관, 출입국심사, 검역을 지칭하며 출국 또는 입국 시에 공항에서 행해지는 제반 수속절차를 말한다.

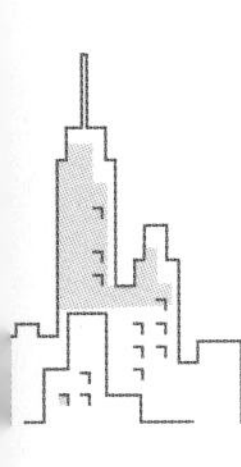

✓ Cabin Service Car

항공기 객실 기용품의 상하역 장비

✓ Cabotage

한 국가영토(연안) 내의 상업적인 운송규제를 말함. 원칙적으로 타국 항공사는 타국의 국내구간 내에서 운송이 금지되고 있다.

✓ Cancellation Charge(취소료)

항공사에 예약된 좌석을 이용하지 않거나 호텔의 예약된 객실을 예정대로 고객이 사용하지 않는 것에 대하여 부과하는 요금을 말한다.

✓ Cargo Loader

Container/Pallet 하역 장비

✓ Carpet Cleaning Car

항공기 객실 Carpet 청소 장비

✓ Catering

기내에서 서비스되는 기내식 음료 및 기내 용품을 공급하는 업무. 항공회사 자체가 기내식 공장을 운영하며 Catering을 행하는 경우도 있으나 대부분은 Catering 전문회사에 위탁하여 운영되고 있다.

✓ Charter Flight

운항구간, 운항시기, 운항스케줄 등이 부정기적인 항공운송형태를 말한다.

✓ Cleaning Water Truck

항공기 외부세척 장비

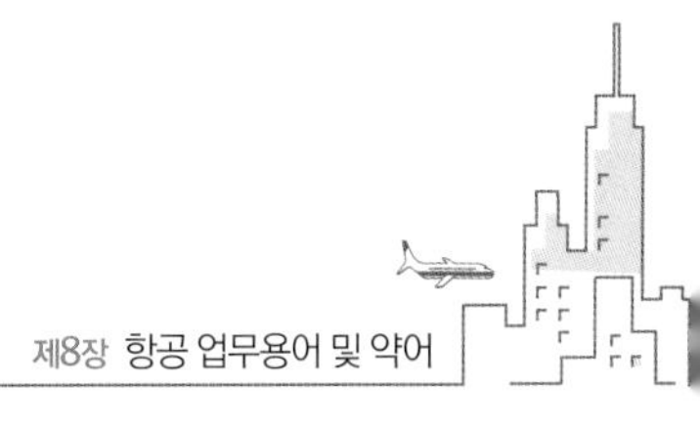

✓ CM(Cargo Manifest)

관계당국에 제출하기 위해 항공기 등록번호, 비행편수, 출발지 목적지, 화물 개수, 중량, 품목 등 탑재된 화물의 상세한 내역을 나타내는 적하목록

✓ CNCL(Cancel)

이미 예약된 항공좌석이나 호텔 객실 등을 취소할 때 사용된다

✓ Code-Sharing Agreement

특별한 항공기에 동일한 이름과 Carrier Code를 사용하도록 한 두 항공사 간의 협약

✓ Complaint

승객이 불만을 표시하는 행위

✓ Conjunction Ticket

한 권의 항공권에 기입 가능한 구간은 4개 구간이므로 그 이상의 구간을 여행할 때는 한 권 이상의 항공권으로 분할하여 기입하게 되는데 이러한 일련의 항공권을 말한다.

✓ Connection Time

어떠한 지점에 도착한 항공기에서 연결 항공편으로 갈아타는 데 필요한 시간

✓ CRT(Cathode Ray Tube)

컴퓨터에 연결되어 있는 전산장비의 일종으로 TV와 같은 화면과 타자판으로 구성되어 있으며 Main Computer에 저장되어 있는 정보를 즉시 Display해 보거나 필요시 In-Put도 할 수 있다.

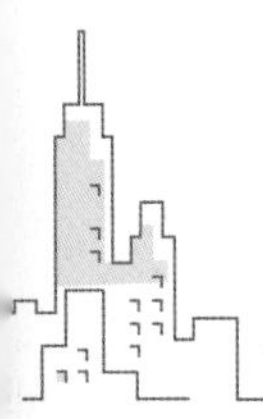

✓ DBC(Denied Boarding Compensation)

해당 항공편의 초과예약 등 자사의 귀책사유로 인하여 탑승이 거절된 승객에 대한 보상제도

✓ Declaration of Indemnity

동반자 없는 소아 관광자, 환자, 기타 면책사항에 관하여 항공회사에 만일의 어떠한 경우에도 책임을 묻지 않는다는 요지를 기입한 보증서

✓ De-Icing Truck

항공기 제설, 제빙, 방빙, 세척 장비

✓ Deportee(DEPO)

강제 추방자, 합법, 불법을 막론하고 일단 입국한 후 관계당국에 의해 강제로 추방되는 승객

✓ Diversion

목적지 변경, 목적지의 기상불량 등으로 다른 비행장에 착륙하는 것을 말한다.

✓ DSR(Daily Sales Report)

항공권 판매에 관한 일일 판매 보고서

✓ DUPE(Duplicated Booking)

동일한 여행객이 특정한 항공편에 2중으로 예약되어 있거나 또는 상이한 항공편에 각각 동일한 여행객의 이름이 예약되어 있을 때 사용된다.

✓ E/D Card(Embarkation Disembarkation)

출입국 신고카드

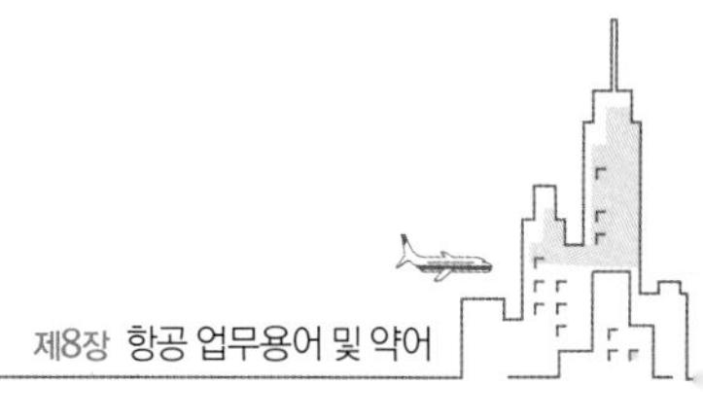

✓ Embargo

어떤 항공회사가 특정 구간에 있어 특정 여객 및 화물에 대해 일정기간 동안 운송을 제한 또는 거절하는 행위

✓ Endorsement

항공회사 간에 항공권의 권리를 양도하기 위한 것으로서 항공권에 지정된 탑승구간을 다른 항공사로 옮기는 것을 말한다.

✓ ETA(Estimated Time of Arrival)

도착예정시간. 실제 도착시각은 ATA(Actual Time of Arrival)이다.

✓ ETD(Estimated Time of Departure)

출발예정시간. 운송기관이 발행하는 시간표(Time Table)에 표시되어 있는 출발시각은 모두 ETD로 표시되어 있다.

✓ Excess Baggage

무료 수화물의 허용량(free baggage allowance)을 초과하는 수화물을 지칭

✓ Excess Baggage Charge

무료 수화물량을 초과할 경우에 부과되는 수화물 요금

✓ Extra Section / Flight

정기적으로 운항되지 않고 필요시마다 설정, 운항되는 부정기항로나 비행편

✓ Ferry Flight

유상 탑재물을 탑재하지 않고 실시하는 비행을 말하며 항공기 도입, 정비, 편도 전세 운항 등이 이에 속한다.

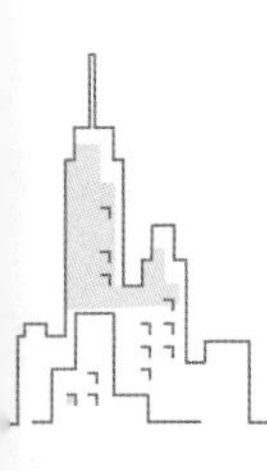

✓ First Aid Kit

기내에 탑재되는 응급처치함

✓ FOC(Free Of Charge)

무료로 제공받은 Ticket으로 SUBLO와 NO SUBLO로 구분된다.

✓ Free Baggage Allowance

여객운임 이외에 별도의 요금 없이 운송할 수 있는 수화물의 허용량

✓ G/H(Ground Handling)

지상조업, 항공화물, 수화물 탑재, 하역작업 및 기내청소 등의 업무

✓ Giveaway

기내에서 탑승객에게 제공되는 탑승기념품

✓ Go Show

예약하지 않은 여행자가 여행출발 당일에 직접 공항에 나가서 대기를 하다가 예약고객이 갑자기 예약을 취소하거나 또는 출발시간이 되어도 탑승수속을 하지 않을 경우 남는 좌석을 배정받아 항공여행을 하는 자를 말한다. 공항에서 대기하는 여행자를 Go Show Passenger 또는 Stand-By Passenger라고 한다.

✓ Ground Time

한 공항에서 어떤 항공기가 Ramp-In해서 Ramp-Out하기까지의 지상체류시간

✓ GSE

Ground Support Equipment, 지상조업장비

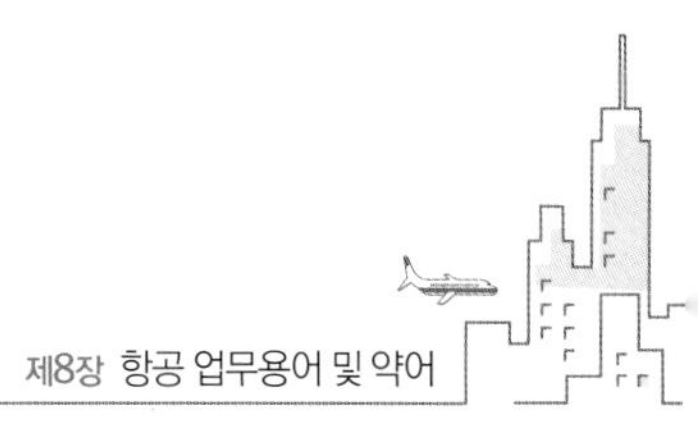

✓ GTR(Government Transportation Request)

공무로 해외여행을 하는 공무원 및 이에 준하는 사람들에 대한 할인 및 우대 서비스

✓ GV

GIV(Group Inclusive Tour)운임을 적용하는 경우 항공권에 표시하는 코드인데, 만약 GV25라고 한다면 이는 25명을 최대 필요인원으로 하는 GIT운임을 뜻한다.

✓ Hand Carried Baggage

출국수속 시 여행객이 기내에 가지고 탑승할 수 있는 수화물

✓ Hangar

항공기의 점검 혹은 정비를 위한 격납고

✓ IATA(International Air Transportation Association)

국제연합의 전문기구 중 하나로 국제 민간항공의 안전유지, 항공기술의 향상, 항공로와 항공시설의 발달, 촉진 등을 목적으로 1947년에 창설되었다.

✓ Immigration

여행자의 출입국 관리를 총괄적으로 담당하는 정부기관

✓ In Bound/Out Bound

임의의 도시 또는 공항을 기점으로 들어오는 비행편과 나가는 비행편을 일컫는 용어

✓ Inadmissible Passenger(INAD)

사증 미소지, 여권 유효기간 만료, 사증목적 외 입국 등 입국자격 결격사유로 입국이 거절된 승객

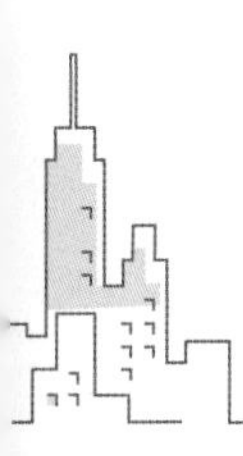

✓ Incentive Travel

회사가 성과에 대한 격려의 의미로 직원에게 제공하는 패키지여행

✓ Infant Fare

IATA규정에는 2세 미만의 유아에게 적용되는 운임으로 성인요금의 10% 수준에서 결정된다.

✓ IRR

Irregular의 약어

✓ Itinerary

여정. 여객의 여행개시부터 종료까지를 포함한 전 구간

✓ Joint Operation

영업효율을 높이고 모든 경비의 합리화를 도모하며 항공협정상의 문제나 경쟁력 강화를 위하여 2개 이상의 항공회사가 공동 운항하는 것

✓ L/F(Load Factor)

공급좌석에 대한 실제 탑승객의 비율(탑승객 전체 공급좌석 100)

✓ Label

각종 표시가 인쇄된 꼬리표(TAG)

✓ Lavatory Truck

항공기 화장실 오물 수거 장비

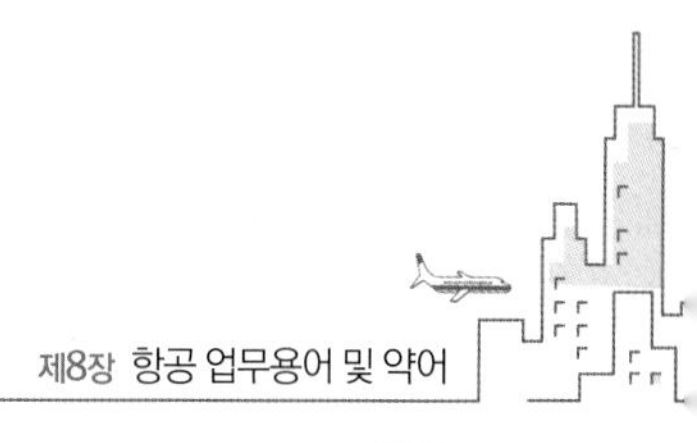

✓ Load Plan

화물탑재 계획

✓ Loading

탑재

✓ Local Time

표준시(GMT)에 대한 현지지방의 시간을 말하는 것으로 모든 운송기관, 즉 관광 여행자의 운송에 참여한 교통기관이 발간하는 시간표에는 출발시각과 도착시각이 모두 현지시간으로 기록되어 있다.

✓ Man Lift

항공기 정비/세척 지원(고가작업)장비

✓ Manual Step

승객의 승하기 때 사용하는 계단

✓ MAS(Meet & Assist Service)

VIP, CIP 또는 Special Care가 필요한 승객에 대한 공항에서의 영접 및 지원 업무

✓ MCO(Miscellaneous Charges Order)

제 비용 청구서, 추후 발행될 항공권의 운임 또는 해당 승객의 항공여행 중 부대서비스 Charge를 징수한 경우 등에 발행되는 지불 증표

✓ MCT(Minimum Connection Time)

특정 공항에서 연결편에 탑승할 경우 연결편 항공기 탑승 시에 소요되는 최소시간

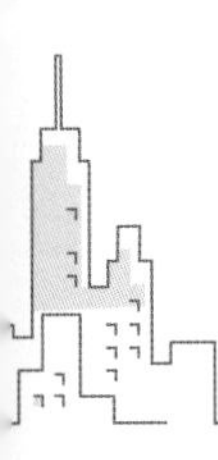

✓ Miss Unload

화물을 내리지 않음

✓ Name To Be Axised(NTBA)

예약 시 명단을 주지 않았으나 추후에 명단을 통보하겠다는 의미

✓ No Record(NRC)

항공권상에는 '예약 필'이라고 기입되어 있으나 탑승지 운송지점에서는 그 여객에 관한 예약기록이 없는 상태를 뜻한다.

✓ NO SUBLO(No Subject To Load)

무상 또는 할인 요금을 지불한 승객이지만 일반 유상승객과 같이 좌석예약이 확보되는 것을 말한다.

✓ Non Endorsable

항공사가 항공권을 발행할 때 항공편명이나 타 항공회사 항공편으로 변경 불가한 경우로 타 항공사 항공기로 탑승할 수 없도록 조치한 것을 말한다.

✓ Non Refundable(NON REF)

발권 용어로는 환불을 금지하거나 제약하는 취지의 표시로서 항공권의 Form of Payment난에 이를 기입한다. 이는 주로 할부방식 등과 같이 환불을 하는데 제약이 있는 지불수단에 의해서 항공권이 발행되거나 운임 자체가 대폭 할인되어 있어 환불을 금지하는 경우에 사용된다.

✓ Non Stop

무착륙 또는 도중기항하지 않는 항공운항을 말한다. 즉 목적지까지 중간기항지 없이 비행하는 것을 말한다.

✓ Normal Fare

이는 1년간 유효한 운임으로서 특별운임(special fare)에 부수되는 제한적인 제반 조건이 일체 적용되지 않는 운임

✓ No-Show

항공좌석을 사전에 예약했다가 예약취소 통보 없이 탑승하지 않은 상황

✓ NOTAM(Notice To Airmen)

운항통제정보

✓ OAG(Official Airline Guide)

모든 항공사의 리스트를 포함하고 있는 비행기 스케줄의 메인 가이드로 전 세계의 국내, 국제선 시간표를 중심으로 운임, 통화, 환산표 등 여행에 필요한 자료가 수록된 간행물이다. 수록된 내용은 공항별 최소 연결시간, 주요 공항의 구조시설물, 항공업무에 사용되는 각종 약어, 공항세 및 CHK-IN 유의사항, 수화물 규정 및 무료 수화물 허용량 등이다.

✓ Off Line

미취항노선

✓ Off Season Fare

여행비수기에 관광사업체들이 여행자를 확보하기 위해 제공하는 할인 운임

✓ On Line

취항노선

✓ Open

항공권 발권상의 용어로 탑승구간만 정해져 있을 뿐 탑승편과 일시에 관한 예약

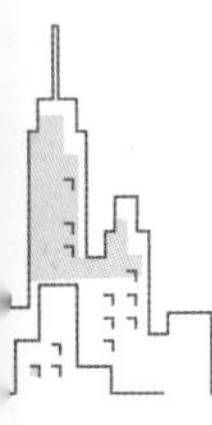

이 정해져 있지 않은 상태

✓ Overbooking

호텔이나 항공회사가 예약상태가 이미 만원임에도 불구하고 다소 취소가 있을 것으로 예상하여 그 수용 가능한 객실과 좌석 수의 예약을 접수하거나 판매하는 것을 말한다.

✓ PAX(Passenger)

승객

✓ Payload

유상 탑재량, 실제로 탑승한 승객, 화물, 우편물 등의 중량이다. 그 양은 허용 탑재량(ACL)에 의해 제한된다.

✓ PDU(Power Driving Unit)

항공기 화물실의 화물자동 이동장치

✓ PNR(Passenger Name Record)

승객의 예약기록번호

✓ Potable Water Truck

항공기 용수 공급장비

✓ Pre Flight Check

객실승무원이 승객 탑승 전 담당 임무별 객실 안전 및 기내서비스를 위해 준비하는 시간으로 비상장비, 서비스 기물 및 물품 점검, 객실의 항공기 상태 등을 확인, 준비하는 것을 말한다.

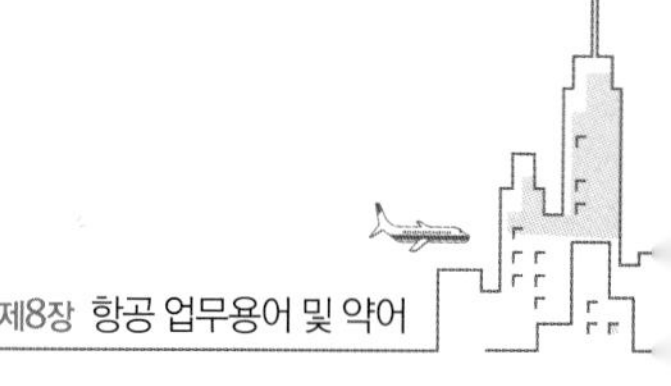

✓ PTA(Prepaid Ticket Advice)

타 도시에 거주하는 승객을 위하여 제3자가 항공운임을 사전에 지불하고 타 도시에 있는 승객에게 항공권을 발급하는 제도

✓ Push Back

항공기가 주기되어 있는 곳에서 출발하기 위해 후진하는 행위로 항공기는 자체의 힘으로 후진이 불가능하므로 Towing Car를 이용하여 후진한다.

✓ Quick Turn Flight

지상체류시간이 짧은 운항편

✓ Ramp Bus, Vip Bus

승객 수송장비

✓ Ramp-Out

항공기가 공항의 계류장에 체재되어 있는 상태에서 출항하기 위해 바퀴가 움직이기 시작하는 상태

✓ Reconfirmation

여객이 항공편으로 어느 지점에 도착하였을 때 다음 탑승편 출발 시까지 일정시간 이상이 경과할 경우 예약을 재확인하게 되어 있는 제도

✓ Refund

사용하지 않은 항공권에 대하여 전체나 부분의 운임을 반환하여 주는 것

✓ Replacement

승객이 항공권을 분실하였을 경우 항공권 관련사항을 접수한 후에 항공권을 재발행하는 것

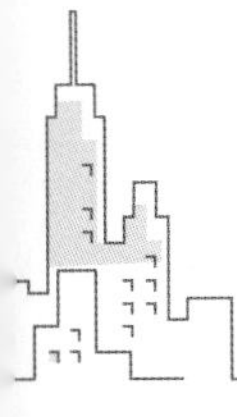

✓ Rush Bag

긴급수송 수화물

✓ S/T(Stretcher)

환자용 침상

✓ Seat Configuration

기종별 항공기에 장착되어 있는 좌석의 배열

✓ Segment

항공운항 시 승객의 여정에 해당되는 모든 구간

✓ Ship Pouch

Restricted Item, 부서 간 전달 서류 등을 넣는 Bag으로 출발 전 사무장이 운송부 직원에게 인수받아 목적지 공항에 인계한다.

✓ Ship Side

항공기 부근

✓ SHR(Special Handling Request)

특별한 주의가 필요한 승객에 대한 정보가 기록된 자료로 운송부 직원으로부터 Inform을 받는다.

✓ Simulator

조종훈련에 사용하는 항공기 모의 비행장치로 항공기의 조종석과 동일하게 제작되어 실제 비행훈련을 하는 것과 같은 효과를 얻을 수 있다.

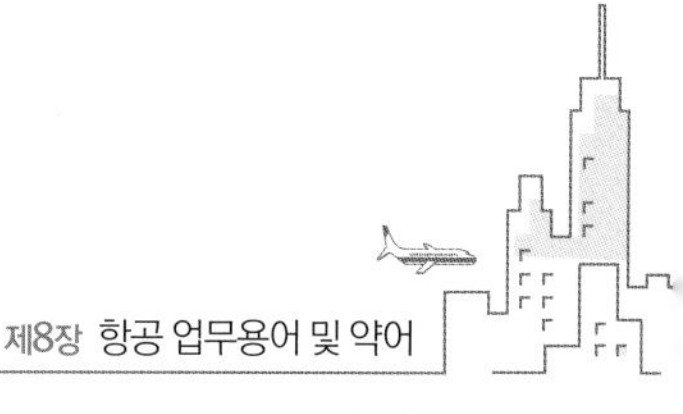

✓ Squawk

비행 중에 고장이 있다든지 작동상 이상한 부분이 있으면 승무원은 항공일지에 그 결함상태를 기입하여 정비사에 인도하게 되는데 이것을 Squawk이라고 한다.

✓ STA(Scheduled Time of Arrival)

공시된 Time Table상의 항공기 도착예정시간

✓ STD(Schedule Time of Departure)

공시된 Time Table상의 항공기 출발예정시간

✓ Step Car

승객 승하기 장비

✓ Stop over

여객이 적정 운임을 지불하여 출발지와 종착지 간의 중간지점에서 24시간 이상 체류하는 것을 의미하며, 요금 종류에 따라 도중 체류가 불가능한 경우가 있다.

✓ Stopover On Company Account

연결편 승객을 위한 우대서비스로서 승객이 여정상 연결편으로 갈아타기 위해 도중에서 체류해야 할 경우 도중 체류에 필요한 제반 비용을 항공사가 부담하여 제공하는 서비스

✓ SUBLO(Subject To Load)

예약과 상관없이 공석이 있는 경우에만 탑승할 수 있는 무임 또는 할인운임 승객의 탑승조건(항공사 직원 등)

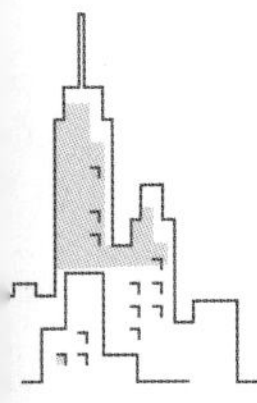

✓ Tag Turn Off

TAG 분실

✓ Take Off

이륙

✓ Tank Lorry

장비 연료 급유장비

✓ Tariff

항공관광자 요금이나 화물요율 및 그들의 관계 규정을 수록해 놓은 요금요율 책자

✓ Taxing

Push Back을 마친 항공기가 이륙을 위해 이동하는 행위로 그 경로를 Taxi Way 라고 한다.

✓ Technical Landing

여객, 화물 등의 적하를 하지 않고 급유나 기재 정비 등의 기술적 필요성 때문에 착륙하는 것

✓ TIM(Travel Information Manual)

승객이 해외여행 시 필요한 정보, 즉 여권, 비자, 예방 접종, 세관 관계 등 각국에서 요구하는 규정을 절차 순으로 기록한 소책자. 각국의 출입국 절차 및 입국 시 준비 서류 등을 종합적으로 안내하는 책자로 국제선 항공편의 기내에 비치되어 있다.

✓ Tow-Bar

항공기 견인용 연결대

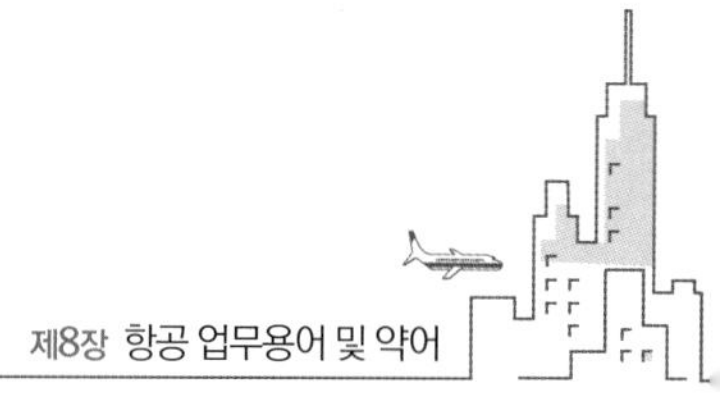

✓ Towing Tractor

항공기 견인장비

✓ Transit

여객이 중간 기착지에서 항공기를 갈아타는 것

✓ Trash Car

항공기 기내 오물 수거장비

✓ TTL(Ticketing Time Limit)

매표구입시한으로 항공권을 구입하기로 약속된 시점까지 구입하지 않은 경우 예약이 취소될 수 있다.

✓ TWOV(Transit Without Visa)

항공기를 갈아타기 위하여 짧은 시간 체재하는 경우에 비자를 요구하지 않는 것을 말한다.

✓ ULD(Unit Load Device)

Pallet, Container 등 화물(수화물)을 항공기에 탑재하는 규격화된 용기

✓ UM(Unaccompanied Minor)

성인의 동반 없이 혼자 여행하는 최초여행일 기준 5세 이상 12세 미만의 유아나 소아

✓ Unloading

하기

✓ Upgrade

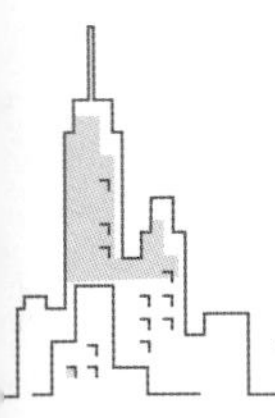

상급 Class로의 등급변화를 말하며 관광자의 의사에 따라 행하는 경우와 회사의 형편상 행하는 경우가 있으며 후자의 경우 추가요금 징수가 없다.

✓ VIP(Very Important Person)

귀빈

✓ Void

취소표기. AWB나 Maifest 등의 취소 시 사용되는 표기

✓ VWA(Visa Waiver Agreement)

양국가 간에 관광, 상용 등 단기 목적으로 여행 시 협정체결국가에 비자 없이 입국이 가능하도록 한 협정

✓ VWPP(Visa Waiver Pilot Program)

미국 입국규정에 의거, 당 협정을 맺은 국가의 국민이 협정가입 항공사를 이용하여 미국 입국 시 미국 비자 없이도 입국 가능토록 한 일종의 단기 비자 면제 협정

✓ W/B(Weight & Balance)

항공기의 중량 및 중심 위치를 실측 또는 계산에 의해 산출하는 것을 말한다.

✓ W/H(Ware House)

창고

✓ Winglet

비행기의 주 날개 끝에 달린 작은 날개

참고문헌

김민수 · 박소연 · 전애은(2013), 항공사객실승무원업무론, 새로미.

대한항공 객실서비스규정집.

대한항공 기내지, Morning Calm.

대한항공 상위클래스 Food&Beverage.

대한항공 신입사원 입사교육교재.

박시사(2008), 항공사경영론, 백산출판사.

박인주 · 김화진(2011), 항공기 식음료 개론, 새로미.

박혜정(2013), 항공객실업무, 백산출판사.

아시아나항공 기내지, Asiana.

아시아나항공 업무규정집.

아시아나항공 직무훈련교재.

엄경아 · 황승미(2013), 항공기내식음료론, 백산출판사.

이병선(2008), 항공기 구조 및 비행안전, 백산출판사.

이병선(2010), 항공기 객실서비스실무, 백산출판사.

이영희 · 조주은(2010), 항공기 객실서비스 실무, 연경문화사.

이향정 · 오선미 · 고선희(2009), 최신항공업무론, 새로미.

조선이(2012), 항공객실서비스 실무, 백산출판사.

조영신 · 김선희 · 양정미 · 인옥남 · 이승헌 · 문희정 · 최정화(2012), 최신 항공객실업무론, 한올.

최현식(2013), 항공기 구조 및 객실안전이해, 백산출판사.

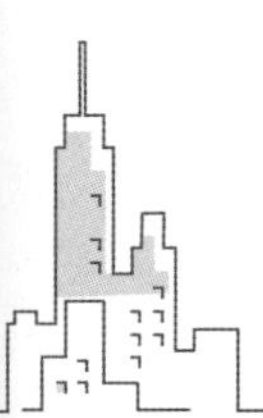

* 웹 사이트
국제민간항공기구(www.icao.int)
국제항공운송협회(www.iata.org)
대한항공(www.kr.koreanair.com)
아시아나항공(www.flyasiana.com)
에어부산(www.airbusan.com)
제주항공(www.jejuair.com)
이스타항공(www.eastarjet.co.kr)
진에어(www.jinair.com)
티웨이항공(www.twayair.com)
인천국제공항공사(www.airport.co.kr)

저/자/소/개

* 김화연

세종대학교 관광대학원 호텔경영학 석사
세종대학교 대학원 호텔관광경영학 박사

대한항공 객실부사무장
혜음커뮤니스 서비스교육컨설팅 대표
한국생산성본부, 지식경제부 외래강사
백석예술대학교 관광학부 겸임교수
세종대학교 호텔관광경영학과 외래교수

(현) 백석대학교 관광학부 항공서비스전공 조교수

* 이향정

경희대학교 관광경영학과 경영학 석사
경희대학교 호텔관광학과 관광학 박사

대한항공 객실선임사무장
대한항공 객실훈련원 서비스 및 방송강사
경희대학교 외래교수
백석문화대학교 관광학부 항공서비스전공 교수

(현) 백석대학교 관광학부 항공서비스전공 주임교수

* 심지연

세종대학교 관광대학원 관광경영학 석사
세종대학교 대학원 호텔관광경영학 박사

대한항공 객실사무장
동남보건대학교 항공관광영어과 조교수
수원과학대학교 관광영어과 외래교수

(현) 백석문화대학교 관광학부 학부장

항공객실업무론

2015년 3월 5일 초판 1쇄 인쇄
2015년 3월 10일 초판 1쇄 발행

지은이 김화연 · 이향정 · 심지연
펴낸이 진욱상 · 진성원
펴낸곳 백산출판사
교 정 편집부
본문디자인 박채린
표지디자인 오정은

저자와의
합의하에
인지첩부
생략

등 록 1974년 1월 9일 제1-72호
주 소 서울시 성북구 정릉로 157(백산빌딩 4층)
전 화 02-914-1621/02-917-6240
팩 스 02-912-4438
이메일 editbsp@naver.com
홈페이지 www.ibaeksan.kr

ISBN 979-11-5763-056-1
값 20,000원